职业教育"十三五"改革创新规划教材

计算机编程基础
——C语言

潘永惠　王香菊　主　编
翁　磊　李　红　沈勤丰　副主编

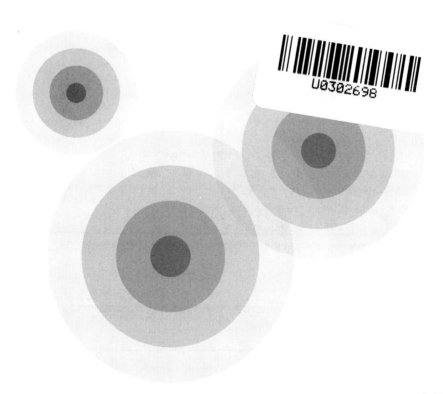

U0302698

清华大学出版社
北　京

内 容 简 介

本书是职业教育"十三五"改革创新规划教材,依据教育部 2014 年颁布的《中等职业学校计算机应用专业教学标准》中"计算机编程基础"课程的"主要教学内容和要求",并参照相关的国家职业技能标准编写而成。

本书主要内容包括程序设计之数据运算,程序设计之数据处理,程序设计之模块设计,程序设计之复杂数据处理。与本书配套有参考答案、源程序、多媒体课件、电子教案等丰富的教学资源,可免费获取。

本书可作为中等职业学校计算机应用专业及相关专业学生的教材,也可作为岗位培训用书。

图书在版编目(CIP)数据

计算机编程基础：C 语言/潘永惠,王香菊主编.--北京：清华大学出版社,2016 (2024.2重印)
职业教育"十三五"改革创新规划教材
ISBN 978-7-302-42987-6

Ⅰ. ①计… Ⅱ. ①潘… ②王… Ⅲ. ①C 语言－程序设计－职业教育－教材 Ⅳ. ①TP312

中国版本图书馆 CIP 数据核字(2016)第 030976 号

责任编辑：刘翰鹏
封面设计：张京京
责任校对：刘 静
责任印制：杨 艳

出版发行：清华大学出版社
  网 址：https://www.tup.com.cn, https://www.wqxuetang.com
  地 址：北京清华大学学研大厦 A 座 邮 编：100084
  社 总 机：010-83470000 邮 购：010-62786544
  投稿与读者服务：010-62776969,c-service@tup.tsinghua.edu.cn
  质量反馈：010-62772015,zhiliang@tup.tsinghua.edu.cn
  课件下载：https://www.tup.com.cn,010-83470410
印 装 者：三河市科茂嘉荣印务有限公司
经 销：全国新华书店
开 本：185mm×260mm 印 张：19.5 字 数：444 千字
版 次：2016 年 4 月第 1 版 印 次：2024 年 2 月第 7 次印刷
定 价：49.00 元

产品编号：068200-02

本书是职业教育"十三五"改革创新规划教材,依据教育部 2014 年颁布的《中等职业学校计算机应用专业教学标准》中"计算机编程基础"课程的"主要教学内容和要求",并参照相关的国家职业技能标准编写而成。通过本书的学习,学生可以掌握必备的面向过程程序设计的知识与技能。本书在编写过程中吸收企业技术人员参与教材编写,紧密结合工作岗位,与职业岗位对接;选取的案例贴近生活、贴近工作岗位要求;将创新理念贯彻到内容选取、教材体例等方面。

本书配套有丰富的教学资源,主要有参考答案、源程序、多媒体课件、电子教案等,可免费获取。

本书在编写时贯彻教学改革的有关精神,严格依据教学标准的要求,努力体现以下特色。

1. 以标准为准则,定位教材内容

学习程序设计的主要目的是学习计算机解决问题的思路与方法,通过程序设计的学习帮助学生更好地理解并应用计算机。因此,本书的编写立足职业教育,内容紧扣教学标准的要求,突出体现为计算机大类各专业培养目标服务意识,科学、合理组织内容;正确处理知识、能力和素质三者之间的关系,以能力为本位,突出培养学生的职业能力,使学生懂得计算机处理问题的方法,保证学生掌握必备的语言基础知识及程序设计的基本方法,重点培养学生分析问题、解决问题的能力以及具有编写程序的初步能力;针对岗位要求,源于工作生活实际设计学习任务,重点培养学生的综合素质,保证学生的全面发展,满足学生职业发展及终身学习的能力要求。

2. 以学生为主体,创新教材体例

计算机编程基础是计算机基础教育中比较典型的一门课程,其学习结果的呈现相对于其他媒体类课程少一些生动、亮丽的效果,这对职业学校的学生而言,学习的吸引力相对要小。因此,根据职业学校学生的特点,在内容呈现方式上,突出生动性、趣味性、直观性、新颖性,文字表述采用带有感情色彩的引导文、对比性的表格等,叙述清晰,通俗易懂;

在内容编排格式上,每一个课题通过"学习导表"明确学习任务、所需知识及学习目标,按照"发现问题—设计问题—分析问题—解决问题"的思路进行内容设计,采用两条线交错并行的方式设计教材编写体例,即"生活现场再现—任务要求—任务分析—任务解决方案"与"观察思考—知识准备—阶段检测"相结合,在"任务解决方案"环节,具体采用"拟订方案—确定方法—代码设计—调试运行"四个步骤引导学生解决问题,这样,既有助于学生理解学习程序设计的方法,又能帮助学生理清思路,提升分析问题、解决问题的能力,很好地将知识与能力、过程与方法、情感态度与价值观融合为一体实现课程学习目标,并将"知识拓展、小技巧、能力拓展"等内容穿插于相关内容中,激发学生的挑战欲,提升学生的创新能力及学习积极性。

3. 以任务为驱动,突出能力培养

本书按设计程序的功能划分模块,按照课题顺序设计任务,通过"生活场景再现"引导学生观察生活,从生活中发现问题,再通过实际案例引导学生设计并分析问题,提高学生的参与度,通过任务分析指导学生探索新知,并通过任务解决方案的设计突出能力培养,通过设计或优化解决方案来渗透探索与创新教育,提高学生的创新意识,通过"观察思考"创设小组合作学习的氛围,激发学生的学习兴趣,培养学生的分析能力和自学能力。

4. 以高效为前提,重视方法指导

程序设计是一项实践性的工作,既要理解概念、掌握方法,又要能动手编写程序,还要会上机调试。因此,通过"画出程序流程图"和"设计测试数据"环节指导学生检查问题解决方案的科学性,杜绝了只会写代码而不能真正理解编程的通病;每个模块设有"学习检测",以帮助学生检测当前模块的学习效果,起到巩固、强化的作用。

本书共分 4 个模块、10 个课题、30 个任务。建议学时 128 学时,具体学时分配如下。

模　　块	课　　题	建 议 学 时
模块 1　程序设计之数据运算	课题 1　算术运算	16
	课题 2　逻辑运算及选择结构	16
模块 2　程序设计之数据处理	课题 1　数据统计	16
	课题 2　趣味游戏设计	12
	课题 3　批量数据处理	12
	课题 4　数据查找与排序	8
模块 3　程序设计之模块设计	课题 1　函数设计及使用	22
	课题 2　变量与函数的属性	8
模块 4　程序设计之复杂数据处理	课题 1　指针及指针的运用	10
	课题 2　建立电话簿	8
总　　　计		128

本书由潘永惠、王香菊担任主编,王香菊组织统稿,模块 1、模块 3、模块 4 由潘永惠、王香菊编写,模块 2 的课题 1 与课题 2 由李红编写,模块 2 的课题 4 由翁磊编写,模块 2 的课题 3 由沈勤丰编写,张智国对本书进行了审核。夏秋菊、何敏华、丁燕萍参与制作了本书的配套学习资源,张智国、许长兵对本书的编写提出了宝贵的意见。

本书在编写过程中参考了大量的文献资料,在此向文献资料的作者致以诚挚的谢意。由于编写时间及编者水平有限,书中难免有错误和不妥之处,恳请广大读者批评指正。了解本书和相关教材更多信息请关注微信号:Coibook。

编　者

2015 年 12 月

CONTENTS

目 录

模块 3 程序设计之模块设计

模块 4 程序设计之复杂数据处理

模块 *1*

程序设计之数据运算

课题 1

算术运算

学 习 导 表

任 务 名 称	知 识 点	学 习 目 标
任务 1　C 程序及数据表示	◇ main()函数、语句； ◇ 字符常量与数值常量； ◇ 常量与变量； ◇ 数值型常量及变量； ◇ C 程序结构； ◇ 程序的调试环境与调试步骤	人类借助于计算机语言实现了与计算机之间的交互,而数据在计算机中的存储与运算是计算机程序实现人机交互的关键。因此,本课题的学习目标是: 　1. 了解 C 语言的特点,正确理解 C 语言的基本符号,初步认识标识符与关键字; 　2. 清楚知道 C 程序的结构,初步了解 C 程序的书写规则; 　3. 区别使用变量与常量,清楚知道 C 语言的数据类型分类,并会在 C 程序中正确使用基本类型数据; 　4. 理解算术运算符的运算规则、优先级; 　5. 能准确计算出算术表达式的值; 　6. 正确使用变量; 　7. 熟练运用 printf()及 scanf()的 d、f、c 格式进行数据的输入与输出; 　8. 区别使用 scanf()、printf()函数的 c 格式与 getchar()、putchar()函数; 　9. 认识 C 程序的调试运行环境,理解并清楚知道程序的调试运行步骤
任务 2　C 程序与数据输出	◇ printf()函数 d、f 格式的使用； ◇ 算术运算符及表达式； ◇ 赋值表达式与赋值语句	
任务 3　C 程序与数据输入	◇ scanf()函数 d、f 格式的使用； ◇ include 文件包含	
任务 4　简易算术运算器的设计	◇ 字符型常量及变量； ◇ scanf()函数 c 格式的使用； ◇ 分支 switch 语句及 break 语句； ◇ getchar()、putchar()函数	

任务 1 C 程序及数据表示

在日常生活和工作中,人们会接触到大量的数据信息以及数据的处理与计算问题,如学生成绩的计算,员工工资的计算,购车、买房时的税费计算,出国时的外汇兑换,网络上的信息搜索、商品询价等,有了计算机、网络、手机,我们几乎无所不能,借助计算机或智能设备我们可以快速、准确地解决问题,图 1-1 所示的软件及手机 APP 都是我们目前可用的。

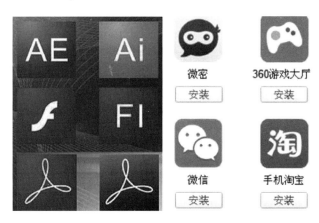

图 1-1　常用软件、手机 APP、网站小工具

无论软件还是手机 APP,都是用某种程序设计语言编写的计算机程序。

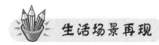

王永斌最近想购买一套住房,因为父母年纪大了,两位老人单独住在乡下他不放心,因此想换一套大点的与父母合住,经过多次看房,最后看中了一个楼盘,经与家人商量决定购买面积在 160 平方米左右的房子,想根据手中的资金算算除了房价之外还需要缴纳多少税费。他通过网络搜索发现了一款如图 1-2 所示的购房税费计算器,他可以借助此计算器筹划资金的使用。

购房税费说明如下。

(1) 购房需缴纳的税费是契税、印花税、交易手续费、权属登记费。

(2) 契税金额是房价的 1.5%,一般情况下是在交易签证时交 50%,入住后拿房产证时交 50%。

(3) 印花税金额为房价的 0.05%,在交易签证时缴纳。

(4) 交易手续费一般是每平方米 2.5 元,也在交易签证时缴纳。

(5) 权属登记费 100～200 元。

图 1-2　购房税费计算器

任务要求

依据"生活场景再现"展示的内容,按照图 1-2 所示的计算器,请设计一个 C 程序,依据购房面积(如 160 平米)及单价(7900 元/平方米)计算房屋的总价。

任务分析

解题步骤如下。

(1)给出拟购房屋的面积、单价;

(2)计算出房屋总价;

(3)输出拟购房屋的购房总价。

观察思考

请将下面给出的数据进行归类,并说明归类的理由或数据的特点。

1721.78　体重　185　65.5　男　－1.23　3500　张军　611.81　short　Paul Walker　yellow_1　if　a

第一类：

第二类：

第三类：

 知识准备1　C程序及数据表示

1. 数据类型

数据类型是指数据在计算机内存中的表现形式。C语言提供的数据类型主要有四大类(如图1-3所示)，即基本类型、构造类型、指针类型和空类型。基本类型是常用的数据类型，也是构成构造类型(数组、结构体及共用体)的基础。指针类型是一种特殊的数据类型，其值用来表示某个变量在内存中的地址。空类型用void来表示，用来声明函数的返回值类型为空，即不需要函数的返回值。C语言中的数据有常量和变量之分。

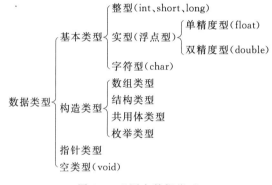

图1-3　C语言数据类型

2. 常量

常量是指在程序运行过程中，其值不能改变的量。

C语言中的常量主要有整型常量、实型常量和字符常量三种，其中，整型常量有短整型、长整型之分，实型常量包括单精度浮点型与双精度浮点型。除此以外，用户也可以定义一些符号常量以增强程序的可读性和易维护性。常量的表示及用法见表1-1。

表1-1　常量的表示及用法

项目	整型常量	实型常量		字符常量	
	十进制整数	十进制小数	指数形式	字符型常量	字符串常量
表示形式	由数字1～9开头，其余各位由0～9组成(0除外)	由数字和小数点组成	用带指数记数法表示，底数与指数部分之间用e或E分隔	用一对单引号括起来的单个字符	用一对双引号括起来的多个字符

续表

项目	整型常量	实型常量		字符常量	
	十进制整数	十进制小数	指数形式	字符型常量	字符串常量
举例	123、−2、0	3.14、−2.5、0.00	1.2E−5 等价 1.2×10^{−5} −0.23e4 等价 −0.23×10⁴	'a'、'1'、'&'	"123"、"a_1"
说明	整型常量也可以在数字后加上后缀字符"L"或"l",表示该数是一个长整型数	数字中间必须有小数点,即使没有小数	字符 e 或 E 之前必须有数字,且 e 或 E 后面的指数必须为整数	单引号为界定符,不是字符常量的一部分	双引号为界定符,不是字符串常量的一部分

能力拓展

(1) 在 C 语言中,整型常量也可以用八进制或十六进制形式来表示,具体表示形式见表1-2。

表 1-2　八进制数与十六进制数表示形式

项目	八进制数	十六进制数
表示形式	由数字 0 开头,其余各位由 0～7 组成	由数字 0x 或 0X 开头,其余各位由 0～9 及 a～f 组成
举例	012、−07、0	0x9e、0Xa123、−0x1b

(2) 符号常量

在 C 语言中,可以用一个标识符来表示一个常量,称为符号常量。

符号常量在使用前必须先定义,其一般形式为:

♯define 标识符 常量

如:

```
♯define PI    3.1415        //PI 为符号常量,等价于直接使用3.1415
♯define G    9.8            //G 为符号常量,等价于直接使用9.8
```

其中♯define 也是一条预处理命令(预处理命令都以"♯"开头),称为宏定义命令,其功能是把该标识符定义为其后的常量值。

符号常量一经定义,以后在程序中所有出现该标识符的地方均代之以该常量值。

习惯上符号常量的标识符用大写字母,变量标识符用小写字母,以示区别。

3. 变量

变量是指在程序运行过程中,其值可以改变的量。

　　变量与常量一样,不同的变量也有着不同的数据类型,通常一个变量只存储某一种类型的常量。变量通过变量名将数据存储在计算机的内存单元中,因此,在 C 语言中,任何一个变量都包含四个要素:变量的类型、变量的名称、变量的值以及变量对应的内存地址。通常,在处理简单的问题时,我们可以不用关心变量对应的内存地址。

　　C 语言规定,变量必须"先定义后使用"。变量定义的作用就是从内存中给该变量分配一块存储空间用于存放数据。

　　变量的定义及变量名的命名规则见表 1-3。

表 1-3　变量的定义及命名规则

定义形式	形式 1:变量类型 变量名 1,变量名 2,…; 形式 2:变量类型 变量名 1=变量值,变量名 2=变量值,…;				
	变量类型			变量名称	变量值
	整型	实型	字符型	命名规则: (1)必须以字母和下划线开头; (2)只能由字母、数字和下划线组成; (3)通常长度不超过 32 个字符; (4)严格区分大小写; (5)禁止使用 C 语言中的关键字; (6)简单易记,见名知意	整型常量: 3,−10 实型常量: 3.0,−1.5 字符型常量: 'a'、'3'、'\n'
说明	基本整型:int 长整型:long 短整型:short	单精度 float 双精度 double 长双精度 long double	char		
示例	int a=100; short　a,b,c; float a=3.0,b=4.0,c;　　　double　x,y;　　　　　char ch1='a',ch2='A';				

📖 能力拓展

　　(1)可以在整型类型(int、short、long)前加 unsigned 以表明是无符号数,前加 signed 代表有符号数,默认是 signed,可省略。

　　(2)无符号数是将有符号数的最高位代表符号的 1(代表负)或 0(代表正)作为数值,而不存在数的正负。

　　(3)C 语言中的变量类型不可以作为变量名称。(C 语言中的关键字见附表 A)

😊⭐ 阶段检测1

　　(1)判断下列数据或变量名表示的正误,若有错误请修改为正确的形式。

常量	正误(×或√)	修改	变量名	正误(×或√)	修改
−0.0			9a		
0129			&a_out		
e3			_a1		
12.5L			Name		
1001			A_price		
3.5e−1			in		
−3.5e3.0			float_b		
'123'			long		
'o'			123e9		
"a"			student_1		

（2）请为上表中正确的常量定义一个变量(除"a"之外)，并将其作为该变量的初始值。

 观察思考2

下表中的代码是两个 C 语言源程序，观察比较两个 C 程序，圈出相同点与不同点。

行号	示例 A：求两个数的和	行号	示例 B：找出两个数中大的一个
1	//文件名：t1.cpp	1	//文件名：t2.cpp
2	//功能：求两个数的和	2	//功能：找出两个数中较大的一个
3	#include ＜stdio.h＞	3	#include ＜stdio.h＞
4	void main( )	4	int max(int x, int y)
5	{	5	{
6	int a, b, s;	6	int z;
7	a＝3;	7	if (x＞y)
8	b＝5;	8	z＝x;
9	s＝a＋b;	9	else
10	printf("%d ＋ %d＝%d", a, b, s);	10	z＝y;
11	}	11	return z;
		12	}
		13	void main( )
		14	{
		15	int a, b, c;
		16	a＝3;
		17	b＝5;
		18	c＝max(a, b);
		19	printf("%d 与 %d 中较大的数是%d", a, b, c);
		20	}
运行结果	3＋5＝8	运行结果	3 与 5 中较大的数是 5

知识准备2　C程序组成

C程序结构可用图1-4来说明。

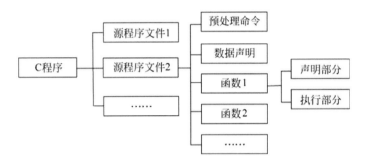

图 1-4　C程序结构

1. 程序结构

通过分析观察并运行以上两个示例,我们看到C程序的特点如下:

(1) C程序由一个 main() 函数和若干个其他函数组成。即一个源程序可以只包含一个主函数(main()函数),也可以包含一个 main() 函数和若干个其他函数。

(2) 一个 C 程序只能有一个 main() 函数即主函数。

(3) 一个 C 程序总是从 main() 函数处开始执行,且无论其位置在哪里。

(4) C 程序中的其他函数只能通过主函数 main() 来调用执行。

2. 函数的一般结构

在 C 语言中,函数(包括主函数 main())都是由函数声明与函数体两部分组成的,函数体包含声明部分与执行部分,且放在一对大括号内。

函数的一般结构如下:

函数类型　函数名　(参数类型参数 1,参数类型参数 2, …)
{
　声明部分 } 函数体
　执行部分 }
}

以示例 B(t2.cpp)为例,C 程序组成如下:

main()函数声明

max()函数声明

main()函数体

```
{
int a,b,c;                    /*声明部分*/
a=3;
b=5;
c=max(a,b);
printf("%d 与 %d 中较大的数是%d",a,b,
c);
}
```

max()函数体

```
{
if(x>y)                    /*执行部分*/
max=x;
else
max=y;
return   max;
}
```

上面 main()函数体内的画线部分为声明部分,函数体内的阴影部分是执行部分。声明部分由变量定义、自定义类型、外部变量说明等部分组成。执行部分通常由若干条可执行的语句构成。语句用来完成一定操作任务,是 C 程序的基本组成单元。

3. C 程序中的语句

C 语句分为以下 5 类。

(1) 控制语句:用于完成一定的控制功能。C 语言只有 9 种控制语句,分别是:

- if()… else…　　　　　　分支语句又称条件语句
- switch　　　　　　　　多分支语句
- for()…　　　　　　　　循环语句
- while()…　　　　　　　循环语句
- do…while()　　　　　　循环语句
- continue　　　　　　　结束本次循环语句
- break　　　　　　　　中止执行 switch 或循环语句
- return　　　　　　　　从函数返回语句
- goto　　　　　　　　　无条件跳转语句(非结构化语句,现在基本不用了)

(2) 函数调用语句:由一个函数调用加一个分号构成,如示例中的 printf()语句。

(3) 表达式语句:由一个表达式加一个分号构成,如上面示例中的"a=3;与 b=5;"。

(4) 空语句:只有一个分号的语句,它什么也不做。

(5) 复合语句:用一对大括号括起来的多个语句。

4. C 语言源程序的书写格式

(1) 每个数据声明部分最后必须有一个分号。

(2) 一行内可以写几个语句,一个语句也可以分多行书写,分多行书写时在非结束行最后需要加续行符'\'。

(3) 可以用/*…*/对源程序中的任何一行或多行加注释,也可以用//对某一行加注释。

 知识拓展

(1) 声明部分的内容不是语句,它们不产生机器操作,只对变量进行定义,仅告诉编译系统变量名称并要求为其分配存储空间。

（2）C语言本身没有输入输出语句,输入输出操作由系统函数 scanf()与 printf()来实现,因此凡是需要使用输入或输出数据的源程序,都需要在源程序文件的最开始添加一行语句♯include ＜stdio.h＞或♯include "stdio.h",以保证程序正常编译执行。

（3）变量的初始化:C语言允许在说明变量的同时对其指定一个初值。如:

int a＝2;   或 float   c＝3.0;   或 char c1＝'Y';

（4）赋值语句:由赋值表达式加一个分号组成。如:

c＝a＋b;   或 a＝2;

（5）数据的输出:由输出函数 printf 来完成,一般形式为 printf(＜控制字符串＞,＜参数＞,…),其中＜控制字符串＞一般控制数据输出的格式,如:

printf("%d,%.2f\n",3,3.5);

"%d,%.2f\n"的含义为:%d 表示以整数形式输出常量 3,中间的逗号原样输出,%.2f 表示以实数形式输出常量 3.5,且保留两位小数,\n 表示输出换行(光标移到下一行),该语句的输出结果为:

3,3.50

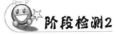 **阶段检测2**

标出下面程序中所使用的语句类型。

```
//文件名: m1p1t1-test2.cpp
♯include ＜stdio.h＞
void main()
{
int a,b＝5,c;
a＝3;
;
c＝a-b;
printf("%d 与 %d 的差是%d",a,b,c) ;
}
```

 知识准备3   运行 C 程序的步骤与方法

1. 运行 C 程序的步骤

由于 C 语言是一种高级语言,按照 C 语言的语法、结构编写的程序(又称源程序)计算机是不能直接执行的。为了使计算机能够执行高级语言源程序,需要借助于相应的编译系统对其进行"翻译",将其转换成二进制形式的目标程序,然后再将目标程序与编译系统提供的库函数、其他目标程序连接起来,形成可执行程序,并交由计算机直接执行。只有经过了编译、连接之后的目标程序计算机才可以执行,C 程序的调试、运行步骤如图 1-5 所示。

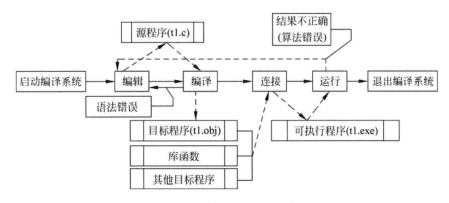

图 1-5　C 程序的调试、运行步骤

2. 运行 C 程序的方法

为了编译、连接和运行 C 程序,必须有相应的 C 语言编译系统。目前,有多种不同版本的编译系统集成环境,如 Turbo C 2.0、Turbo C++ 3.0、Visual C++ 6.0 等。由于 C++ 从 C 语言发展而来,对 C 程序也兼容,其次,C++ 又是学习面向对象程序设计的基础,所以无论哪一种编译系统,都可以使用。我们选择 Visual C++ 6.0 集成环境进行 C 程序的调试运行。具体步骤如下(以任务 1 观察思考 2 中的示例 A 的源程序为例,文件名为 t1. c 或 t1. cpp 均可)。

(1)启动编译系统

安装好 Visual C++ 6.0 后,会在"开始|程序"中找到"Microsoft Visual C++ 6.0",如图 1-6 所示,单击"Microsoft Visual C++ 6.0"就可以打开 Visual C++ 6.0 集成环境,工作界面如图 1-7 所示。

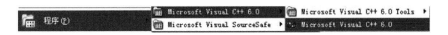

图 1-6　启动 Visual C++ 6.0

(2)编辑 C++ 源程序

编辑 C++ 源程序又可分为新建源程序和打开已有源程序。若新建一个源程序,可单击菜单项"文件|新建",弹出如图 1-8 所示的对话框,选择"文件"选项卡中的"C++ Source File",并在"位置"处选择文件存放的文件夹,在"文件名"处输入源程序文件名,单击"确定"按钮,即可进入工作界面,输入源代码并保存,如图 1-9 所示。

若是已建好的源程序文件,则找到该文件,双击文件名 t1. cpp,也可以打开对应的源程序文件。

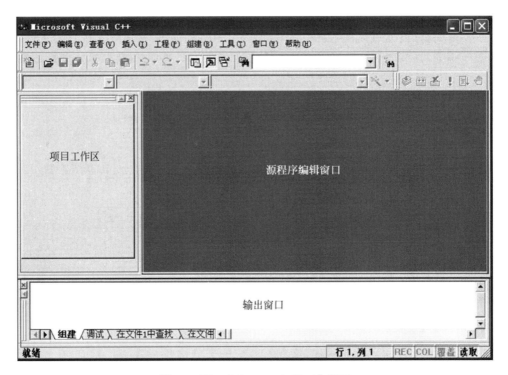

图 1-7　Visual C++ 6.0 初始工作界面

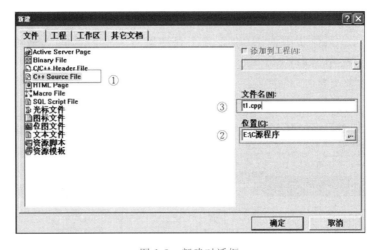

图 1-8　新建对话框

（3）编译

源程序文件编辑好后保存，确认无误后，单击"组建|编译"对源程序文件进行编译，以检查程序是否存在语法错误，编译后产生扩展名为. obj 的目标文件（即 t1. obj）。

编译后若出现类似图 1-10 所示信息，则表明无致命错误和警告错误，即无语法错误，则可执行步骤（4）；若编译后出现如图 1-11 所示的窗口，则表示程序出现语法错误，需要在源程序编辑窗口修改错误，直到编译后结果如图 1-10 所示，才可执行步骤（4）。

图 1-9 编辑或输入源程序界面

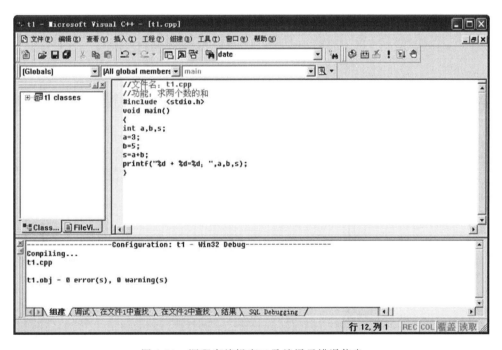

图 1-10 源程序编辑窗口及编译无错误信息

（4）连接

单击"组建|组建"实现目标程序（t1.obj）与系统提供的库函数、其他目标程序等进行连接，当出现如图 1-12 所示的输出窗口内容时，则表明程序无错误产生，系统生成一个扩展名为.exe 的可执行文件（即 t1.exe）。

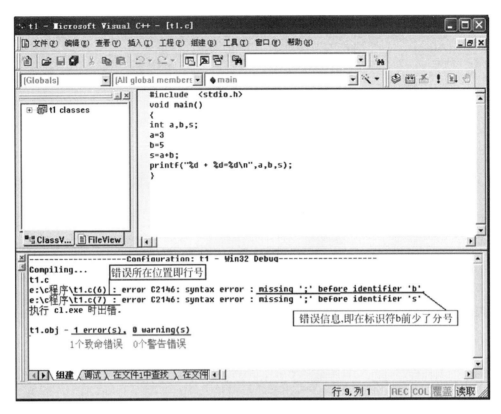

图 1-11   编译时出现错误信息

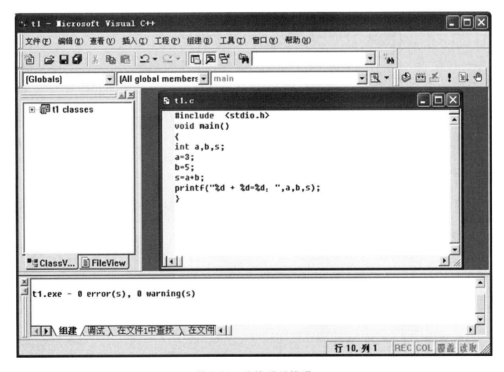

图 1-12   连接后无错误

（5）运行

得到扩展名为.exe 的可执行文件 t1.exe 后,单击"组建|执行"就可以运行程序并输出如图 1-13 所示的结果。

图 1-13　输出结果

说明：第一行为程序输出结果；第二行为系统给出的提示信息,提示用户"按任意键继续"即返回编辑窗口。

（6）退出编译系统

单击"文件|退出"或单击 ☒ 按钮,则退出编译系统。

 小技巧

如果不想退出编译系统而进行下一个程序的调试运行,为了保证程序的正常调试运行,在新建或打开另一个源程序文件时,需要先关闭当前工作区（工作区文件扩展名为.dsw）,即"文件|关闭当前工作区"。

 任务解决方案

步骤 1：拟定方案

（1）给出拟购房屋的面积、单价；

因面积与单价会随大小而变动,故设定为变量。

（2）计算出房屋总价；

房屋总价＝房屋面积×单价,将房屋总价也设为变量。

（3）输出拟购房屋总价。

提示：

printf("%.2f",a);　　　　/*该语句可输出实型变量 a 中的数据,且保留两位小数.*/

步骤 2：确定方法

（1）确定数据存储形式。

序号	变量名	类型	作　用	初值	输入或输出格式
1	mj	float	存放拟购房屋面积	160	—
2	dj	int	存放房屋单价	7900	—
3	zj	float	存放拟购房屋总价	—	printf("%.2f",zj);

（2）实现方法。

计算：zj＝mj＊dj

输出：printf("%.2f\n"，zj)；

步骤3：代码设计

（1）编写程序代码。

```
/＊文件名：m1p1t1.cpp＊/
＃include ＜stdio.h＞
void main()
{
float mj＝160,dj＝7900,zj；
zj＝mj＊dj；
printf("%.2f\n",zj)；
}
```

（2）设置测试数据。

无测试数据。

步骤4：调试运行

程序的运行结果为：

```
1264000.00
Press any key to continue_
```

知识拓展

（1）在C语言中,字符型常量等同于整型数值,其值就是该字符的ASCII码值,因此可以同整型数一样参与运算。

（2）C语言规定,在存储字符串时,由系统在字符串末尾自动加一个字符\0,作为字符串的结束标志。

（3）字符型常量与字符串常量的区别如下。

字符型常量与字符串常量同样是字符类型的数据,但却有着以下不同之处。

- 界定符不同：字符型常量必须放在一对单引号中,字符串常量则使用双引号来作为定界符。
- 数据长度不同：即包含的字符个数不同。字符型常量长度固定为1,字符串常量的长度可以≥0(若长度为0则说明该字符串为空串,即不包含任何一个字符)。
- 存储内容不同：字符型常量存储的仅是一个字符的ASCII值,字符串常量除了要存储有效的字符外,还要存储一个字符串结束标志\0。
- 变量使用不同：字符型常量可以直接使用字符型变量,但在C语言中没有专门的字符串变量,故在处理字符串常量时需要借助于数组类型变量来进行。

 阶段检测3

已知一个圆的半径为5,编写一个C程序求该圆的面积。

任务2　C程序与数据输出

 任务要求

依据任务1"生活场景再现"展示的内容,按照图1-2所示的计算器,请设计一个C程序,根据购房面积(160平方米)、单价(7900元/平方米)及购房税费说明(可参考图1-2给出的参考数据)计算应缴纳的契税和印花税数额。

 任务分析

解题步骤如下。
(1)给出拟购房屋的面积、单价;
(2)计算出房屋总价;
(3)依据契税、印花税的计算方式求出需要缴纳的契税及印花税数额;
(4)输出拟购房屋的面积、单价及契税、印花税。

 观察思考

(1)回顾printf()函数的格式及使用方法,阅读下面程序,写出运行结果。

```
//文件名: m1p1t2-ex1.cpp
#include <stdio.h>
void main()
{
  int a=20;
  float b=34.56;
  printf("the first number is:%8d, b=%8.4f",a,b);
}
```

(2)计算公式:
　　所需的人民币数=欲购美元数×中间价÷100=20000×611.67÷100
用C程序将如何表示?

 知识准备1　算术运算符与算术表达式

C语言中的数据运算包括算术运算、关系运算、逻辑运算和赋值运算等。

算术表达式是指用算术运算符和括号将常量、变量、函数或表达式连接起来的式子。C语言中的算术运算符有＋、－、＊、／、％，其含义及使用说明见表 1-4。

表 1-4　C 语言中的算术运算符

运算符	含　义	使用说明	举　例
＋	加法运算符或正值运算符	作正值运算符时，只需要一个运算对象，通常省略	＋5.0，＋3 a＋b，a＋4.0，5.0＋2
－	减法运算符或负值运算符	作负值运算符时，只需要一个运算对象	－a，－5，－3.0 a－b，a－4.0，5－2
＊	乘法运算符	相当于数学中的×，＊用于两个变量相乘，不可以省略	a＊b（但不可以写成ab），a＊4.0，5＊2
／	除法运算符	相当于数学中的÷，若两个整型数相除，结果也为整型，小数部分被自动舍去	a/b，a/4.0，5/2（结果为2，而不是2.5）
％	求余运算符（模运算符）	求余运算，求两个整型数相除后的余数，且只能在两个整型数间进行	5％3（结果为2），a％b（a，b 必须为整型）

数学中的整型、实型数据可以进行＋、－、＊、／混合运算，在 C 语言中也可以。C 语言中的数据分为 int（又分为 long、short 等）、float、double、char 等不同类型，那么不同类型数据之间在进行混合运算时将如何求值呢？

1. 运算符的优先级

当多个算术运算符组成一个算术表达式时，要按照运算符的优先级来计算表达式的值。C 语言中算术运算符的优先级与数学中的运算规则一致，即有括号先算括号内的，无括号先算 ＊、／，后算＋、－，若运算符的优先级相同（如＋、－），则采用自左向右的顺序进行运算（即运算符的结合性为左结合）。

如：

2＋a＊3－(100－b/5)（假设有 int a＝2，b＝10）

求值顺序为：2＋6－(100－2)＝8－98＝－90，故结果为－90。

2. 不同数值型数据间的混合运算

在 C 语言中，整型、实型、字符型数据之间可以进行混合运算，但不同类型的数据间进行混合运算时，需要按照一定的转换规则进行类型转换。

（1）系统自动类型转换规则

① char、short 均转换为 int；

② float 转换为 double；

③ 整型数据与实型数据运算时，先转换成 double，再进行计算。

（2）强制类型转换

当系统自动类型转换不能实现用户要求时，C 语言也可以用强制类型转换。

　　强制类型转换的一般形式：

（类型名）（表达式）

如：

　　①（double）a　无论变量 a 是什么类型，都将其强制转换为 double 类型。
　　②（int）x％2　无论变量 x 是什么类型，先将 x 强制转换为 int 类型，然后计算 x％2 的结果。
　　③（int）（x/y）　将（x/y）的结果强制转换为 int 类型。

**阶段检测1**

　　（1）假设有如下的变量定义：

int x＝100,y＝5,z＝0;
float a＝2.0,b＝9.0,c＝0.0;
double s＝2.0,t＝10.0,v＝3.0;
char ch1＝'a',ch2＝'z'。

　　（2）请计算下列表达式的值。
　　① x％2＊a＋b/s
　　②（s＋t）/y＋v
　　③（a＋b＋c）/3＊s
　　④ ch1＋26
　　⑤（int）s＊（int）t％3

知识准备2　赋值表达式与赋值语句

　　1. 赋值运算符与赋值表达式
　　C 语言中的赋值运算符有两类：简单赋值运算符和复合赋值运算符。
　　"＝"是简单赋值运算符，它的作用是将一个数据（可以是常量、变量、函数值、表达式）赋给一个变量。
　　赋值表达式就是将一个变量和一个表达式连接起来的式子，表达式的值即为变量的值。

　　如：

a＝3　　　　　　表示将 3 赋值给变量 a，表达式的值为 a 的值。
a＝a＋1　　　　表示将 a＋1 赋给变量 a，表达式的值为 a 的值。
a＝s＋s＊10＋a　表示将表达式 s＋s＊10＋a 的结果赋给变量 a，表达式的值为 a 的值。

　　（1）运算符的优先级
　　当"＝"与其他运算符如算术运算符相遇时，要先算哪一个呢？
　　C 语言中，赋值运算符的优先级在所有运算符中仅比逗号运算符高，所以，当与算术运算符相遇时,先进行算术运算,再进行赋值运算(运算符的优先级与结合性见附表 B)。

如有:

s＝s＋a＊10(假设 a＝3,s＝1)

则该表达式的计算过程如下：

① 求算术表达式 s＋a＊10 的值,即 1＋3＊10＝1＋30＝31；

② 再求赋值表达式 s＝13 的值,即将 13 赋给 s,表达式的值也为 13。

(2) 赋值过程中的类型转换

① 如果赋值运算符"＝"两侧的运算对象类型一致,则直接赋值。

② 如果赋值运算符"＝"两侧的运算对象类型不一致,则按照如下规则进行类型转换。

- 整型变量＝实型数据：舍去小数部分再赋给整型变量；
- 实型变量＝整型数据：数值不变,以实型数据存储到实型变量中；
- float 变量＝double 数据：截取其前 7 位有效数字存放到 float 变量中,但数值范围不能溢出,即 double 型数据不能超出 float 型所能表示的数据范围；
- 整型变量＝char 型数据,将字符的 ASCII 值赋给整型变量。

如：

int a＝'z';则变量 a 的值为 122(字符'z'的 ASCII 值为 122)

2. 赋值语句

赋值语句由赋值表达式加上一个分号构成。

如：

a＝3；   或 a＝a＋1；   或 s＝s＋s＊10＋a；

注意：在 C 语言程序中要正确使用赋值语句与赋值表达式,二者不可混淆。

 知识拓展

复合赋值运算符是在"＝"前加上算术运算符、移位运算符或位运算符,构成相应的复合运算符(在模块 2 中将详细讲解＋＝、－＝、＊＝、/＝、％＝)。

 阶段检测2

1. 区分以下表示方法有什么不同。

① a＝a＋1；与 a＝a＋1

② int a＝3;

与   int a;
     a＝3;

（2）判断以下表示方法是否正确，若不正确，请说明原因并修改为正确的形式。

① int a＝2；

② int a＝b＝2；

③ float x＝3；

④ char ch＝100；

⑤ double s；

    int a＝0；

    s＝a＋1；

⑥ int a；

    a＝(a＋1)；

 知识准备3　用 printf()函数实现数据输出

在任务1中，我们用"printf("%.2f\n",zj);"输出房屋总价 zj 的值，试想一下，下面语句将会输出怎样的结果？

printf("%d 与 %d 中较大的数是%d",a,b,c);

C 语言中，输出数据是通过调用系统函数 printf()来实现的。

printf()函数又称格式输出函数，它用来向计算机的默认设备（如显示器）输出一个或多个任意类型的数据。

printf()函数调用的一般形式为：

printf(格式控制，输出表列)

1. 格式控制

格式控制也称格式控制字符串，是用双引号括起来的一个字符串，由格式声明和普通字符组成。

格式声明：由"%"字符开头，以格式字符（d、i、u、x、o、f、e、c、s 等）结尾。

普通字符：需要原样输出的字符，即除格式声明之外的其他字符。

（1）格式字符

printf()输出不同类型的数据时，主要依据不同的格式字符来控制输出格式。格式字符主要有 d、i、u、x、o、f、e、c、s，表 1-5 列出了 printf()函数常用的格式符、功能及使用举例。

表 1-5　printf()函数常用的格式字符、功能及使用举例

格式符	功　能	使 用 举 例	输 出 结 果	说　明
d、i	输出有符号的十进制整数	int a＝3,b＝4; printf("3-4=%d\n",a-b);	3－4＝－1	

u	输出无符号的十进制整数	usigned　b;
		b=3-4;
		printf("b=%u\n",b);
			3－4＝4294967295	最高位的符号作为数值

续表

格式符	功　能	使用举例	输出结果	说　明
f	以小数形式输出有符号的十进制单（双）精度实数	float x； x=2.5-3； printf("x=%f\n", x);	x=0.500000	默认6位小数
e,E	以科学记数法形式输出有符号的单（双）精度十进制实数	printf("2.5-3=%e\n", 2.5-3);	2.5-3= -5.000000e-001	尾数部分6位小数,指数部分3位整数
c	输出单个字符	a='h'； printf("%c\n", a);	h	
s	输出一个字符串	printf("%s\n", "0510-8687115");	0510-8687115	

（2）附加字符

在格式说明中,还可以在%与格式字符之间插入几种附加字符,可以使输出格式更加灵活。printf()函数常用的附加字符见表1-6。

表1-6　printf()函数常用的附加字符

附加字符	作　用	举　例	输　出　结　果
l	输出长整型数,可用在d、o、x、u前	printf("%ld\n",2248*200);	449600 Press any key to continue
m(正整数)	数据输出的最小宽度。当数据实际宽度大于m时,以实际数据输出；当数据实际宽度小于m时,在数据前面补空格	printf("%3d\n",12300); printf("%8d\n",12300);	12300　printf("%3d\n",12300); 　　12300　printf("%8d\n",12300); Press any key to continue
.n(正整数)	用在f前,表示输出的小数位数；用在s前,表示从左截取的字符个数	printf("%.1f\n",123.456); printf("%10.2f\n",123.456);	123.5　printf("%.1f\n",123.456); 　　123.46　printf("%10.2f\n",123.456); Press any key to continue
—	输出的数字或字符左对齐,右端补空格	printf("%10.2f\n",123.456); printf("%-10.2f\n",123.456);	123.46 123.46 Press any key to continue

2. 输出表列

程序中需要输出的数据项,可以是一个或多个,如果是多个则用逗号分隔,每个数据项可以是常量、变量或表达式。

调用 printf() 函数时,格式声明与输出项应当数量相等、类型一致。printf() 函数调用格式见表 1-7。

表 1-7　printf() 函数调用格式

printf() 函数调用格式	程序输出结果
格式声明 printf(" %d 与 %d 中较大的数是 %d : " ,a,b,c) 格式控制　　　　　　　　　　　输出项表列	3 与 5 中较大的数是 5 a　　　b　　　　c
格式声明 printf("兑换 %.2f 美元需要 %.2f 元人民币\n" ,us_num,ch_num); 格式控制　　　　　　　　　　输出项表列	兑换20000.00 美元需要122363.00 元人民币 us_num　　　　　　　ch_num

3. d 格式字符及其主要用法

d 格式字符用于输出十进制整数。主要有以下几种用法:

① %d,按整型数据的实际长度输出。

② %md,m 为指定的输出字段宽度。如果数据的位数小于 m,则左端补以空格,若大于 m,则按实际位数输出。

③ %ld,输出长整型数据。也可以指定长整型数据输出字段宽度,如 %mld。

4. f 格式字符及其主要用法

f 格式字符用于输出实数,并以小数形式输出。主要有以下几种用法:

① %f,默认格式,即输出宽度由系统确定,此格式符保证整数部分全部输出,并固定输出 6 位小数(但并非全部数字都是有效数字)。

② %.nf,指定输出的数据有 n 位小数(n≥0)。

③ %m.nf,指定输出的数据位数占 m 列,其中有 n 位小数。若数据长度小于 m,则左补空格。

阶段检测3

(1) 分析以下程序,对比输出结果,说出格式声明(格式字符、普通字符)及输出数据项分别是什么。

```
//文件名: m1p1t2-test3-1.cpp
#include <stdio.h>
```

```
void main()
{
    printf("\n");
    printf(" ******************** \n");
    printf(" *  人民币汇率  * \n");
    printf(" * -------------------- * \n");
    printf(" * 美元汇率 %.2f * \n",611.67);
    printf(" * 英镑汇率 %.2f * \n",951.27);
    printf(" * 欧元汇率 %.2f * \n",689.63);
    printf(" * 日元汇率 4.97 * \n" );
    printf(" ******************** \n");
}
```

程序的运行结果如下：

（2）分析以下程序：

```
//文件名：m1p1t2-test3-2.cpp
#include <stdio.h>
void main()
{
    int a, b,c;
    a=20;
    b=3456;
    c=1234567;
    printf("a=%8d,b=%4d,c=%ld",a,b,c);
}
```

以上程序输出什么结果？

🖊️ **知识拓展**

（1）VC++ 6.0 规定,输出的数据个数取决于格式声明(即%+格式字符)的个数。若格式声明的个数小于输出项个数,则多余的输出项因无格式声明而不予输出;若格式声明的个数大于输出项个数,则多余的格式声明因无输出项对应,系统会输出任意值。

（2）用 f 格式输出实数时,为了保证足够的有效位数,一般用%.nf 格式输出以指明小数位数。如：

```
    float    dj＝7.12;
    double   je＝3.5;
    printf("单价：％.0f,金额：％.1f",dj,je);
    //数据输出时指明小数位数,单精度数 dj 保留 0 位小数,双精度 je 保留 1 位小数
```

程序的运行结果为：

```
单价：7，金额：3.5
Press any key to continue_
```

（3）其他格式字符如下。

① o：以八进制无符号形式输出整数（不输出前导 0）；

② x,X：以十六进制无符号形式输出整数（不输出前导 0x），用 x 时十六进制数的 a～f 用小写、用 X 时十六进制数的 a～f 用大写；

③ g,G：在％f 或％e 格式中选择输出宽度较短的一种格式,无意义的 0 不输出。用 G 时,若以指数形式输出,则指数以大写表示。

阶段检测4

1. 依据程序的功能要求,补充数据的输出格式。

程序 A：求三个整数的积,并输出三个数及其积。

```
#include ＜stdio.h＞
void main( )
{
    int a,b,c,sum;
    a＝100;
    b＝20;
    c＝3;
    sum＝a * b * c;
    _____
}
```

程序 B：已知圆半径 r,求圆周长 c,要求输出圆周长 c 并保留两位小数。

```
#include ＜stdio.h＞
void main( )
{
    float r＝33.0;
    double c;
    c＝2 * 3.14159 * r;
    _____
}
```

程序 C：已知汽车的行驶速度 v 和时间 t,求路程 s,要求输出结果为如下形式。

汽车每小时行驶 118.5 千米,用时 7.2 小时,路程约 853 千米。

```
#include <stdio.h>
void main( )
{
  float v=118.5,t,s;
  t=7.2;
  s=v*t;

  _____

}
```

2. 对比表 1-8 中三组输出语句,说出它们的不同点。

表 1-8　输出语句对比

A 组	printf("%d 与 %d 中较大的数是%d：",a,b,c);
	与
	printf("%d：",c);
B 组	printf("兑换%.2f美元需要%.2f 元人民币\n",us_num,ch_num);
	与
	printf("兑换%f美元需要%f 元人民币\n",us_num,ch_num);
C 组	printf("字符为：%c 对应的 ASCII 值为%d。",ch,i);
	与
	printf("兑换%.2f美元需要%d 元人民币\n",us_num,(int)ch_num);

小技巧

(1) 如果输出的数据全为常量,也可以直接放在格式控制部分,如"printf(" * ————
————— * \n");"或"printf(" * 日元汇率　4.97　 * \n");"。

(2) 格式控制中的'\n'为转义字符,表示换行,即将当前位置移到下一行开头。

(3) 若要直接输出%,只要在格式说明中输入两个%即可(即%%)。

若有：

int a=15;

则

printf("上涨%d%%\n",a);
输出结果为：上涨 15%

(4) printf()函数在程序中一定要在结束位置添加分号,构成函数语句,否则会出现
编译错误"缺少分号；"。

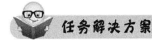
任务解决方案

步骤 1：拟定方案

(1) 给出拟购房屋的面积、单价。面积与单价因位置、朝向、楼层等多方面因素影响
而会有所不同,故设定为变量。

（2）计算出房屋总价。房屋总价＝房屋面积×单价,故房屋总价也应设为变量。

（3）依据契税、印花税的计算方式求出需要缴纳的契税及印花税数额。契税、印花税的计算依据国家政策来进行,如:契税是房价的1.5％,印花税是房价的0.05％,其值基本不变,故设为常量（也可设为符号常量）。即

$$房屋总价 = 房屋面积 \times 单价$$
$$契税 = 房屋总价 \times 0.15％$$
$$印花税 = 房屋总价 \times 0.05％$$

（4）输出拟购房屋的面积、单价及契税、印花税。

提示:

printf("%.2f",a);　　　　　/ ＊该语句可输出实型变量 a 中的数据,且保留两位小数＊/

步骤2：确定方法

（1）确定数据存储形式

序号	变量名	类型	作　　用	初值	输入或输出格式
1	mj	float	存放拟购房屋面积	160	scanf("%f ,%d\n", &mj,&dj)
2	dj	int	存放房屋单价	7900	printf("%.2f,%d\n", mj,dj);
3	zj	double	存放拟购房屋总价	—	printf("%.2f\n",zj);
4	qs	double	存放应缴纳的契税	—	printf ("%.1f、%.1f \ n", qs,
5	yhs	double	存放应缴纳的印花税	—	yhs);

（2）实现方法

计算方法：

$$房屋总价 = 房屋面积 \times 单价 \text{——} zj = mj * dj$$
$$契税 = 房屋总价 \times 0.15％ \text{——} qs = zj * 0.015$$
$$印花税 = 房屋总价 \times 0.05％ \text{——} yhs = zj * 0.0005$$

为防止程序运行后不知输入数据的内容或先后次序,可在 scanf() 函数调用之前添加 printf() 函数输出提示信息,以增强程序的交互性;也可在输出结果的 printf() 函数调用中增加适当的数据说明信息,如:

printf("购房面积：%10.2f平方米\n房屋单价：%10d 元/平方米\n房屋总价：%10.2f万元\n\n", mj,dj,zj/10000);
printf("应缴纳\n 契税为：%10.1f 元\n 印花税为：%10.1f 元\n\n", qs,yhs);

步骤3：代码设计

（1）编写程序代码

```
/ ＊文件名：m1p1t2.cpp＊/
＃include ＜stdio.h＞
void main()
{int dj;
    float mj,zj;
    double qs,yhs;
```

```
    printf("请输入购房面积及房屋单价");
    scanf("%1f,%1f");
    zj=mj*dj;
    qs=zj*0.015;
    yhs=zj*0.0005;
    printf("购房面积：%10.2f 平方米\n 房屋单价：%10d 元/平方米\n 房屋总价：%10.2f 万元
\n\n", mj,dj,zj/10000);
    printf("应缴纳\n 契税为：%10.1f 元\n 印花税为：%10.1f 元\n\n", qs,yhs);
}
```

（2）设置测试数据

无测试数据。

步骤 4：调试运行

程序的运行结果为：

📖 **能力拓展**

转义字符及其使用

在 C 语言中，除了能直接表示并在屏幕上显示的字符外，还有一些特殊字符可用，虽然它们不能显示但可以用来作为特殊的控制符号，如换行、退格等，这些特殊字符称为转义字符。表 1-9 列出了常用的转义字符。

表 1-9　常见的转义字符

转 义 字 符	含　　义
\\	—
\'	单引号，即'
\"	双引号，即"
\n	换行，将当前位置移到下一行开头
\r	回车，将当前位置移到本行开头
\t	横向跳格，横向跳到下一个输出区
\b	退格，将当前位置移到前一列

程序示例如下。

```
//文件名：m1p1t2-ep.cpp
#include <stdio.h>
void main()
```

```
{
    printf("1.0123456789\n");
    printf("\n");
    printf("2.----------\r");
    printf("\n");
    printf("3.\t0123456789");
    printf("\n");
    printf("4.\'abcedfgh\'");
    printf("\n");
    printf("5.\"abcedfgh\"");
    printf("\n");
}
```

程序的运行结果如下：

```
1.0123456789

2.----------
3.      0123456789
4.'abcedfgh'
5."abcedfgh"
Press any key to continue
```

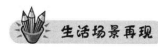

阶段检测5

（1）下面有三个 printf() 语句，若将其作为 m1p1t2.cpp 中的第一个 printf() 语句，你认为哪一个会更好？为什么？（对比程序运行结果进行分析）

printf("%10.2f\n%10d\n%10.2f\n", mj, dj, zj/10000);
printf("%10.2f 平方米\n%10d 元/平方米\n%10.2f 万元\n\n", mj, dj, zj/10000);
printf("购房面积：%10.2f 平方米\n 房屋单价：%10d 元/平方米\n 房屋总价：%10.2f 万元\n\n", mj, dj, zj/10000);

（2）若将 m1p1t2.cpp 中的"double qs,yhs;"改为"float qs,yhs;"，对程序的结果有影响吗？为什么？

任务3 C程序与数据输入

生活场景再现

任务2中的任务解决方案给出的程序 m1p1t2.cpp 运行结果如图 1-14 所示。该程序只能计算面积为 160 平方米、单价为 7900 元/平方米的房屋总价、契税及印花税。如果要任选一套面积、位置、楼层不同的房屋，那么运行该程序能实现正确结果的输出吗？显然不能，那么作为程序设计人员该如何做？回到程序编辑状态下，修改程序？生活经验告诉我们,程序一定不能这么差,那么如何让程序具有友好的人机交互性能呢?

任务要求

针对任务 2 的要求,请设计一个 C 程序,要求能计算任意面积大小、任意单价的房屋总价、契税及印花税,并使程序运行时有较好的交互性。

图 1-14   m1p1t2.cpp 程序运行结果

任务分析

因为面积、单价的值是任意数,故可通过变量实现,其值最好由用户自己输入。解题思路如下:

(1)输入面积及单价值;

(2)计算房屋总价;

(3)计算应缴纳的契税;

(4)计算应缴纳的印花税;

(5)显示计算结果,保留两位小数。

 知识准备 1   用 scanf()函数实现数据输入

我们知道,C 程序运行的结果可以通过 printf()函数将其输出,那么用户又将如何输入数据给计算机程序呢?

计算机由控制器、运算器、存储器、输入设备和输出设备五部分组成,控制器与运算器集成在一起称为 CPU。我们将数据从计算机的输入设备(如键盘、鼠标、扫描仪等)传递给计算机(程序)的过程称为输入,反之,将数据从计算机(程序)输出到输出设备(如显示器、打印机等)的过程称为输出。

由于 C 语言本身不提供单独的输出与输入语句,在任务 2 中,我们知道数据输出通过 printf()函数实现,同样,C 语言提供了标准输入函数 scanf()用于输入数据。

scanf()函数用来从外部输入设备向程序中的一个或多个变量输入某种类型的数据。

scanf()函数调用的一般形式是:

scanf(格式控制,变量地址表列)

1. 格式控制

同 printf()函数一样,scanf()函数的格式控制由格式声明和普通字符组成,中间可以插入附加说明符。格式声明总是由"%"字符开头,以格式字符(d、i、u、x、o、f、e、g、c、s 等)结尾(见表 1-10)。普通字符是除格式声明之外的其他字符,而且是需要在输入数据时原样输入的字符。也可在%与格式字符之间插入附加字符,scanf()函数中的附加字符见表 1-11。

表 1-10　scanf( )函数中的格式字符

格　式　字　符	功　　　能
d,i	用于输入有符号的十进制整数
u	用于输入无符号的十进制整数
f	用于以小数或指数形式输入有符号的十进制实数
e,E,g,G	同 f
c	输入单个字符
s	输入一个字符串

表 1-11　scanf( )函数中的附加字符

附　加　字　符	作　　　用
l	输出长整型数,可用在 d、o、x、u、f、e 前
h	输出短整型数,可用在 d、o、x、u 前
m(正整数)	指定输入数据所占的宽度(即列数)

2. 变量地址表列

变量地址表列是用逗号分隔开的若干个接收输入数据的变量地址。变量地址由地址运算符"&"后跟变量名组成。

如有:

int a,b,c;

程序运行时需要给 a,b,c 输入数据,并按如下格式输入:

3,5,7↙

那么 scanf( )函数的调用形式为:

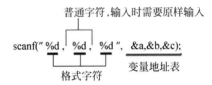

使用 scanf( )函数分别给 a、b、c 三个变量输入三个整型数据,下列形式都可用。

① scanf("%d%d%d",&a,&b,&c);数据之间用空格分隔。

② scanf("%d;%d;%d",&a,&b,&c);数据之间用分号分隔。

③ scanf("%d. %d. %d",&a,&b,&c);数据之间用圆点分隔。

④ scanf("%d%d%d",&a,&b,&c);数据之间用一个或多个空格、回车或 Tab 键分隔,但不能使用其他字符(如逗号或分号等)作为分隔符。

 小技巧

(1)输入时若指定域宽,那么系统会自动按域宽截取数据,如:

scanf("%3d %2d ",&a,&b);

当输入数据后如下所示：

8900 1289 ↙
a＝890，b＝0

（2）输入数据时，不能指定数据精度，否则结果并非输入的数据给变量，数据会是任意值。

 阶段检测 1

（1）以下两个程序分别从键盘上输入数据给变量 a、b、c 或 x、y，然后将变量的值输出，分析程序并依据程序的运行结果，写出程序运行时输入数据的形式，并说说有什么区别。

程序 A	程序 B
```//文件名：m1p1t3-test1-1A.cpp``` ```# include ＜stdio.h＞``` ```void main( )``` ```{``` ```int a,b,c;``` ```scanf("a＝%d b＝%d c＝%d",&a,&b,&c);``` ```printf("a＝%d,b＝%d,c＝%d\n",a,b,c);``` ```}```	```//文件名：m1p1t3-test1-1B.cpp``` ```# include ＜stdio.h＞``` ```void main( )``` ```{``` ```float x,y;``` ```scanf("%f;%f",&x,&y);``` ```printf("x＝%f y＝%f\n",x,y);``` ```}```
程序的运行时输入数据的形式：	程序的运行时输入数据的形式：

程序的运行时输出的结果：
`a=10 b=20 c=30`
`a=10,b=20,c=30`
`Press any key to continue_`
	程序的运行时输出的结果：
	`15;20`
	`x=15.000000 y=20.000000`
	`Press any key to continue`

（2）依据程序的功能要求，请将程序补充完整。

程序 A：输入三个整数，求三个整数的积，并输出三个数及其积。

```
//文件名：m1p1t3-test1-2A.cpp
# include ＜stdio.h＞
void main( )
{
    int a,b,c,s;
    printf("请输入三个整数：");
    ①
    s＝a * b * c;
    ②
}
```

程序 B：任给一个圆的半径 r，输出圆周长 c 及圆面积 s，且保留一位小数。

```cpp
//文件名：m1p1t3-test1-2B.cpp
#include <stdio.h>
void main( )
{
    float r;
    double c;
    printf("请输入圆的半径：");
    ①
    c=2 * 3.14159 * r;
    ②
}
```

程序 C：已知汽车的行驶速度 v 和时间 t，求路程 s，要求行驶速度与时间在程序运行时输入，并且要求程序的输出结果为如下形式。

汽车每小时行驶 ××千米，用时××小时，路程约××千米。

```cpp
//文件名：m1p1t3-test1-2C.cpp
#include <stdio.h>
void main( )
{
    float v,t,s;
    ①
    s=v * t;
    ②
}
```

 知识准备2　预编译命令 include

scanf()和 printf()是 C 语言库函数中的两个标准输入输出函数，用以向标准输入输出设备中输入或输出数据。在程序中使用库函数提供的函数时，需要在程序的首部使用预编译命令 #include <stdio.h>。

其中，stdio.h 是存放标准库函数的头文件，该文件中包含了与标准 I/O 库有关的变量定义、宏定义以及对函数的声明。其作用是在程序编译时，系统自动将 stdio.h 头文件中的内容调出来放在程序相应位置，取代 #include 行，这样包含有 #include 指令的程序就可以正确使用其中的函数。

stdio.h 头文件中除了 scanf()和 printf()之外还有输出字符函数 putchar()、输入字符函数 getchar()、输出字符串函数 puts()、输入字符串函数 gets()。

 任务解决方案

步骤1：拟定方案

（1）给出拟购房屋的面积、单价，面积、单价通过键盘输入。面积、单价、房屋总价均设为变量。

（2）计算出房屋总价。

房屋总价＝房屋面积×单价,故房屋总价也应设为变量。

（3）依据契税、印花税的计算方式求出需要缴纳的契税及印花税数额。契税、印花税的计算依据国家政策来进行,如:契税是房价的 1.5%,印花税是房价的 0.05%,其值基本不变,故设为常量(也可设为符号常量)。

房屋总价 ＝ 房屋面积 × 单价

契税 ＝ 房屋总价 × 0.15%

印花税 ＝ 房屋总价 × 0.05%

（4）输出拟购房屋的面积、单价及契税、印花税。

提示:

输入可用:

```
scanf("%d",&a);          /*输入一个整型数给变量 a。*/
scanf("%f",&a);          /*输入一个实型数给变量 a。*/
```

输出可用:

```
printf("%.2f",a);        /*输出实型变量 a 中的数据,且保留两位小数。*/
```

步骤 2:确定方法

（1）确定数据存储形式

序号	变量名	类型	作　　用	初值	输入或输出格式
1	mj	float	存放拟购房屋面积	—	scanf("%f",&mj);
2	dj	int	存放房屋单价	—	scanf(" %f ",&dj);
3	zj	double	存放拟购房屋总价	—	printf("%.1f, %.1f, %.1f ",zj,qs, yhs);
4	qs	double	存放应缴纳的契税	—	
5	yhs	double	存放应缴纳的印花税	—	

（2）实现方法

计算方法:

房屋总价＝房屋面积×单价——zj＝mj * dj

契税＝房屋总价×0.15%——qs＝zj * 0.015

印花税＝房屋总价×0.05%——yhs＝zj * 0.0005

输出数据:

```
printf("%.2f,%d,%.2f\n", mj,dj,zj);
printf("%.1f、%.1f\n", qs,yhs);
```

步骤3：代码设计

（1）编写程序代码

```
/*文件名：m1p1t3.cpp*/
#include <stdio.h>
void main()
{
    int dj;
    float mj,zj;
    double qs,yhs;
    printf("请输入购房面积及房屋单价:");
    scanf("%f%d",&mj,&dj);
    zj=mj*dj;
    qs=zj*0.015;
    yhs=zj*0.0005;
    printf("\n购房面积：%10.2f平方米\n房屋单价：%10d元/平方米\n房屋总价：%10.2f万元\n\n", mj,dj,zj/10000);
    printf("应缴纳\n契税为：%10.1f元\n印花税为：%10.1f元\n\n", qs,yhs);
}
```

（2）设置测试数据

第一组：160 7900 ✓

第二组：138.5 7560 ✓

步骤4：调试运行

程序的运行结果为：

上网查找当天人民币对美元的汇率，请你设计一个C程序，能将一定数额的人民币兑换成等价的美元，并输出人民币及美元数。

任务4 简易算术运算器的设计

如图1-15（a）所示的计算器我们肯定不陌生，你在使用时是否发现它很不方便？是

的,我们看到的或者是当前输入的数字,或者是最后运算的结果,也就意味着我们既看不到运算的方法也看不到运算的过程。而我们从小学开始学习算术运算时,总是采用直观明朗的竖式计算。假如你现在需要帮父母算算一个月开车需要多少花销,给你如图 1-15 所示的两个计算器,你会选择哪一个使用,为什么? 毫无疑问,你一定愿意使用图 1-15 (b)所示的计算器,因为我们可以随时查看所有的计算步骤,过程既清晰,也便于复查。

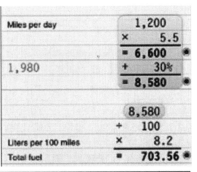

(a) Window自带计算器   (b) 竖式计算器Scalar v4.2

图 1-15　竖式计算器

 任务要求

仿照"生活场景再现"中给出的计算器,设计一个 C 程序,要求能进行＋、－、＊、/四种算术运算,希望能清晰显示出用户选择的运算方法、输入的计算数据及运算结果。

根据任务要求,可以细化设计成如下两种。

任务 A：任意给出两个正整数及两个数的运算方法,计算并显示其运算结果。

任务 B：从四种运算中选择一个或两个,计算并显示任意三个数及运算结果。

任务分析

具体解题思路如下。

(1) 任务 A

① 任意给出两个正整数——从键盘输入整型数给整型变量;

② 任意选择一种运算方法,即＋、－、＊、/中的一种——从键盘输入字符型数给字符

型变量；

③ 计算结果，竖式显示两个数及两个数的运算结果。

（2）任务 B

① 任意给出两个正整数；

② 任意选择一种运算方法，即＋、－、＊、/中的一种；

③ 输入第三个数；

④ 再选择另一种运算方法；

⑤ 计算结果；

⑥ 竖式显示三个数及三个数的运算结果。

实现竖式显示，可由 printf() 的格式控制符决定。

 观察思考I

（1）判断下列语句用法是否正确，若不正确，请说明原因并改正。

① printf("%d,%d",a,b);

② printf("a＝%10d,b＝%10d",&a,&b);

③ printf("%10.2f%10.2f",x,y);

④ printf("%.1f;%.1f",x,y);

⑤ scanf("%d,%d",a,b);

⑥ scanf("a＝%10d,b＝%10d",&a,&b);

⑦ scanf("%f%f",&x,&y);

⑧ scanf("%.1f;%.1f",&x,&y);

（2）对比以下四组语句，说明它们之间的相同与不同之处。

A 组：① scanf("%d,%d",&a,&b);与② printf("%d,%d",a,b);

B 组：① scanf("%d%d",&a,&b);与② scanf("%f;%f",&a,&b);

C 组：① scanf("%10d,%10d",a,b);与② scanf ("%d;%d",a,b);

D 组：① printf("%10.2f,%10.2f",a,b);与② printf ("%10.1f;%10.1f",a,b);

 知识准备I 字符数据的输入与输出

1. scanf() 与 printf()

我们知道，scanf() 与 printf() 函数是 C 语言标准库函数提供的两个用于输入、输出数据的函数。在前两个任务中，我们已知整型及实型数据的输入或输出可以通过在格式说明中使用 d 或 f 格式符来实现。

调用函数 scanf() 或 printf() 时，使用 %c 就可以输入或输出字符型数据。

值得注意的是，由于字符型常量是由一对单引号括起来的单个字符，字符型数据存放在字符型变量中，所以，在输入字符型数据时，无论从键盘输入多少个字符，一个字符型变量只能接收一个字符,多余的将暂存在键盘缓冲区中。

如有:

```
char ch1,ch2;
scanf("%c%c", &ch1, &ch2);
```

若从键盘输入以下内容:

a35↙

则计算机只将字符'a'送给变量 ch1、字符'3'送给变量 ch2,而字符'5'和回车符都将存在键盘缓冲区中。

2. getchar()与 putchar()

getchar()与 putchar()是 C 语言标准库函数中两个专门用于输入输出单个字符的函数。

(1) 字符型数据输入函数 getchar()

getchar()函数仅从标准输入设备(如键盘)向计算机输入一个字符。

一般用法:

```
ch1=getchar();
```

其作用是将从键盘上输入的一个字符送给字符变量 ch1(输入字符数据时,仍以回车作为输入结束)。如有:

```
char ch1;
ch1=getchar();
```

若从键盘输入以下内容:

T35↙

那么该语句执行结束后,ch1 得到 T,而字符 3、5 和回车符都将存在键盘缓冲区中。

(2) 字符型数据输出函数 putchar()

putchar()仅从计算机向标准输出设备(如显示器)输出一个字符。

一般用法:

```
putchar(ch1);
```

(3) 清空键盘缓冲区函数 fflush()

一般用法:

```
fflush(stdin);
```

无论使用 getchar()还是 scanf()给字符变量输入数据,多输入的字符均被存放在键盘缓冲区中,这些字符又可以被后续的 getchar()或 scanf()读取。为保证输入数据的正确性,可在程序适当位置使用该函数来清空键盘缓冲区,以避开不必要的数据读入错误。

能力拓展

（1）使用 getchar( )函数,无论从键盘输入多少个字符,仅将第一个字符送给变量,其余的都存在键盘缓冲区中,字符也包括转义符,如：'\n'（回车换行）、'\''（单引号）等。

（2）getchar( )、putchar( )等字符处理函数也都包含在 stdio. h 头文件中,因此在 C 程序开头只要加上"♯ include ＜stdio. h＞"就可以调用这些函数。

程序示例1

```
//文件名：m1p1p4-ep1.cpp
//功能：从键盘分别输入三个运算数及两个运算符,然后输出一个算术表达式
♯ include ＜stdio. h＞
void main( )
{
    int a,b,c;
    char opr1,opr2;
    printf("请输入两个正整数（用逗号分隔）: ");
    scanf("%d,%d",&a,&b);
    fflush(stdin);                  //清空键盘缓冲区中的多余数据
    printf("请选择运算方法（＋、－、＊、∕）:");
    scanf("%c",&opr1);
    printf("请输入第三个正整数: ");
    scanf("%d",&c);
    fflush(stdin);                  //清空键盘缓冲区中的多余数据
    printf("请再输入与第三个正整数的运算方法（＋、－、＊、∕）: ");
    scanf("%c",&opr2);
    printf("%d %c %d %c %d\n",a,opr1,b,opr2,c);
}
```

程序的运行结果如下：

```
请输入两个正整数(用逗号分隔): 12,89
请选择运算方法 (+、-、*、/):*
请输入第三个正整数: 32
请输入与第三个正整数的运算方法 (+、-、*、/): -
12 * 89 - 32
Press any key to continue
```

观察思考2

若将以上程序中的两个"fflush(stdin);"语句删除,程序是否能正常运行？ 若不能,请对照程序运行结果分析原因,并说明。

阶段检测1

下列两个程序中各有两处错误,请你找出并尝试修改正确。

(1) 程序 1

```
# include <stdio.h>
void main()
{
    char c1,c2;
    scanf("%c",c1);
    c2=getchar();
    printf("输入的两个字符分别是: %d \n",c1,c2);
}
```

(2) 程序 2

```
# include <stdio.h>
void main()
{
    char c1,c2;
    int a,b;
    c1=getchar();
    c2=getchar();
    a=c1;
    b=c2;
    printf("输入的两个字符分别是: ");
    putchar(c1)
    putchar(c2)
    printf("输入的两个字符分别是: %c 和%c\n",a,b);
}
```

知识准备2 程序的三种结构

1. 程序流程图

程序流程图是使用不同的图框来表示程序的各种操作,它不仅直观形象而又便于理解。目前使用的程序流程图是使用美国国家标准化协会 ANSI 规定的常用流程图符号绘制的,见表1-12。

表 1-12 常用流程图符号及含义

符　号	名　　称	含　　义
（起止框图形）	起止框	表示程序开始或结束

续表

符　号	名　称	含　义
▱	输入输出框	表示程序中需要输入或输出数据
◇	判断框	表示程序中的条件判断
▭	处理框	表示程序中的数据加工处理
——→ 或 ↓	连接线或流程线	指示程序中语句的执行顺序
◯	连接点	程序流程图分页时的连接点

2. 三种基本结构

一个程序包含一系列的执行语句,每个执行语句可以让计算机完成一种操作。计算机在执行程序时,通常是从上向下逐条执行每一条语句,我们将这种自上而下顺序执行语句的结构称为顺序结构。

在结构化的程序设计中,有三种基本程序结构,即顺序结构、选择结构(又称分支结构)和循环结构(又称重复结构)。

顺序结构的程序,总是从上向下逐条语句执行,而程序中的选择结构是依据条件 P 成立与否而选择执行 A 或者 B 语句,循环结构是当条件 P 成立时重复执行 A 语句,否则结束当前循环,执行后面的语句。

图 1-16 是常用的三种程序结构流程图。

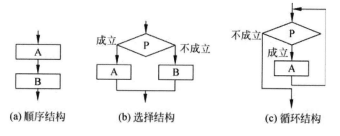

(a) 顺序结构　　(b) 选择结构　　(c) 循环结构

图 1-16　流程图表示的三种结构

3. N-S 结构化流程图

1973 年美国学者 I. Nassi 和 B. Sneiderman 提出了一种新的流程图(图 1-17),简称为 N-S 结构化流程图,这种流程图完全去掉了带箭头的流程线,全部算法写在一个矩形框内,不仅占用空间更少,也由于它作图简单,一目了然,所以更适合于结构化程序设计,因此,N-S 流程图很受欢迎。

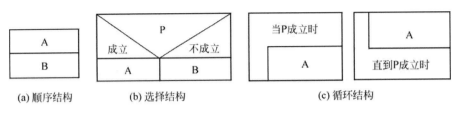

图 1-17　N-S 流程图表示的三种结构

 知识准备3　switch 语句实现选择结构

在生活中,我们总会依据实际要求来选择处理方法,条件不同,处理方法就不同,那么结果也就不同。比如中考测试体育成绩时,要求男生测试 1500 米、女生测试 800 米;看电影时,依据座位号来寻找座位等。在 C 程序中,该如何实现按某种判断条件而选择操作方法呢? C 语言中的 switch 语句可以帮助我们在多个选择项中选择其中一个执行。

1. switch 语句的一般形式

```
switch (表达式)
{
case 常量表达式 1: 语句 1;
case 常量表达式 2: 语句 2;
…
case 常量表达式 n: 语句 n;
default: 语句 n+1;
}
```

2. switch 语句的执行过程

switch 语句是依据 switch 后面“表达式”的值来选择执行 case 后面的语句的。即当“表达式”的值等于 case 后面的某一个常量表达式的值时,就执行该 case 后面的语句,若case 后的常量表达式的值没有一个与“表达式”相等,则执行 default 后的语句。

说明:

- case 和 default 的位置并不固定,它们出现的次序并不影响执行结果,当然,也可以没有 default;
- 每一个 case 后面的常量表达式的值必须不同,否则会出现互相矛盾的现象;
- 多个 case 可以共用一组语句,表示多个条件使用一种处理办法;
- switch 在执行完当前 case 后面的语句时,会继续执行下一个 case 后的语句,因为 case 后面的常量表达式仅起到一个标号的作用,它只负责引导程序根据表达式的值找到相应的入口位置,并不进行重复判断。若想要终止该 switch 语句的执行,可以在每一个 case 后面添加 break 语句(即 break;),这样可以实现从多个选择项中选择一个执行。

所以,switch 语句通常使用形式如下:

```
switch（表达式）
{
case 常量表达式 1：语句 1；break；
case 常量表达式 2：语句 2；break；
…
case 常量表达式 n：语句 n；break；
default：语句 n+1；
}
```

程序示例2

```
//文件名：m1p1t4-ep2.cpp
//功能：依据输入的月份,判断当前月份是大月还是小月
#include <stdio.h>
void main()
{
    int month;
    scanf("%d",&month);
    switch（month）
    {
        case 1:
        case 3:
        case 5:
        case 7:
        case 8:
        case 10:
        case 12: printf("%d 月是大月。",month);break;
        case 2:
        case 4:
        case 6:
        case 9:
        case 11:printf("%d 月是小月。",month);break;
        default: printf("输入错误,只能是 1-12。");
    }
}
```

或

```
//文件名：m1p1t4-ep2.cpp
//功能：依据输入的月份,判断当前月份是大月还是小月
#include <stdio.h>
void main()
{
    int month;
    scanf("%d",&month);
    switch（month）
```

```
    {
        case 1: printf("%d月是大月。",month);break;
        case 2: printf("%d月是小月。",month);break;
        case 3: printf("%d月是大月。",month);break;
        case 4: printf("%d月是小月。",month);break;
        case 5: printf("%d月是大月。",month);break;
        case 6: printf("%d月是小月。",month);break;
        case 7: printf("%d月是大月。",month);break;
        case 8: printf("%d月是大月。",month);break;
        case 9: printf("%d月是小月。",month);break;
        case 10:printf(%d月是大月。",month);break;
        case 11:printf("%d月是小月。",month);break;
        case 12: printf("%d月是大月。",month);break;
        default: printf("输入错误,只能是1-12。");
    }
}
```

阶段检测2

找出下列程序的错误之处。(提示:4处)

```
//文件名:m1p1t4-test2.cpp
//功能:依据输入学生性别('f'代表女生,'m'代表男生),判断该生需要参加的测试项目
void main()
{
    char sex;
    printf("查看测试项目,请输入m(男生)或f(女生):");
    sex=getchar();                     //只能输入字符f或m,f代表女生,m代表男生
    switch (sex)
    {
        case 'f': printf("你是女生,测试项目为:800、仰卧起坐。\n");break;
        case 'm': printf("你是男生,测试项目为:1500、引体向上。\n);
        default : printf("你想看男生还是女生的测试项目,请重新输入。\n);
    }
}
```

任务解决方案

步骤1:拟定方案

任务A:

(1)从键盘输入两个正整数;

(2)从键盘输入一个运算符(＋、－、*、/);

(3)依据运算符,求两个数的运算结果;

（4）竖式显示两个数及两个数的运算结果。

任务 B：

（1）输入两个正整数；

（2）选择并输入一种运算方法（＋、－、＊、/）；

（3）求两个数的运算结果；

（4）输入第三个正整数；

（5）选择并输入第二种运算方法（＋、－、＊、/）；

（6）求最终的运算结果；

（7）竖式显示三个数及三个数的运算结果。

步骤 2：确定方法（以任务 A 为例）

（1）确定数据存储形式

序号	变量名	类型	作 用	初值	输入或输出格式
1	a	int	存放第一个数	—	scanf("%d",&a);
2	b	int	存放第二个数	—	scanf("%d",&b);
3	opr	char	存放运算符	—	opr=getchar();
4	c	int	存放运算结果	—	printf("%d ",c);

（2）画出程序流程图

程序流程图如图 1-18 所示。

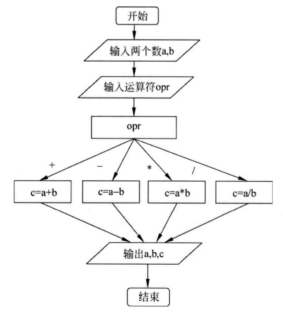

图 1-18 程序流程图

步骤 3：代码设计

(1) 编写程序代码

```
//文件名：m1p1t4-A.cpp
#include <stdio.h>
void main()
{
    int a,b,c;
    char opr;
    printf("请输入两个正整数：");              //输入操作提示
    scanf("%d,%d",&a,&b);
    fflush(stdin);                             //清空键盘缓冲区
    printf("请选择一种运算符(+,-,*,/)：");//输入操作提示
    opr=getchar();
    switch (opr)
    {
        case '+':c=a+b;break;
        case '-': c=a-b; break;
        case '*': c=a*b; break;
        case '/': c=a/b; break;
    }
    printf("%10d\n",a);
    printf("%c %8d\n",opr,b);
    printf("----------\n");
    printf("%10d\n",c);
}
```

(2) 设置测试数据

第一组：12,23 ↙ + ↙
第二组：45,16 ↙ * ↙
第三组：44,11 ↙ - ↙
第四组：65,72 ↙ / ↙
第五组：14,2 ↙ / ↙

步骤 4：调试运行

程序的运行结果为：

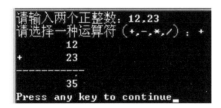

 **阶段检测3**

请仿照任务 A 完成任务 B 的解决方案。

课题 2

逻辑运算及选择结构

学习导表

任 务 名 称	知 识 点	学 习 目 标
任务 1 两个数的大小比较	◇ 关系运算符与关系表达式； ◇ if-else 语句	关系表达式与逻辑表达式是结构化程序设计的基础,对 if 语句的理解与灵活使用是选择结构程序设计的关键,因此,本课题的学习目标是: 1. 理解 C 语言中实现条件判断的方法; 2. 清楚知道关系运算符与逻辑运算符的优先级,并能熟练求解表达式的值; 3. 能正确书写给定条件的关系表达式或逻辑表达式; 4. 能熟练阅读选择结构的程序,并能正确理解其功能; 5. 能灵活运用 if 语句设计选择结构程序; 6. 理解条件表达式的作用及使用方法; 7. 能正确理解并使用 putchar()、getchar()、scanf()、printf()输入输出字符型数据; 8. 会用 switch 语句设计分支程序
任务 2 三个数的大小比较	◇ 逻辑运算符及逻辑表达式； ◇ if-else 语句嵌套	
任务 3 字符大小比较与大小写转换	◇ putchar()、getchar()； ◇ 条件运算符与条件表达式； ◇ if-else 语句	
任务 4 算术小游戏的设计	switch()	

任务 1 两个数的大小比较

当下,我们常常会面临诸多选择,在面临就业、升迁、职业规划等时,会认同一句话"选择比努力更重要"。在日常生活中,很多年轻人经常会说自己有"选择困难症",为什么？

选择意味着要先依据某些要素或条件进行准确判断,这说明判断的重要性。

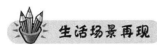**生活场景再现**

张军是野马汽车 4S 店的销售经理,月底在上海汽车博物馆将有一场新车展示会,他拟从南京中央门附近驾车到上海汽车博物馆,求助百度地图后,百度地图给出了两个方案(如图 1-19 所示),并从两个方案中给出了一个推荐方案。这是现实生活中的一个实例,现在请你想一下,百度依据什么原则给出推荐方案?百度又会如何实现?

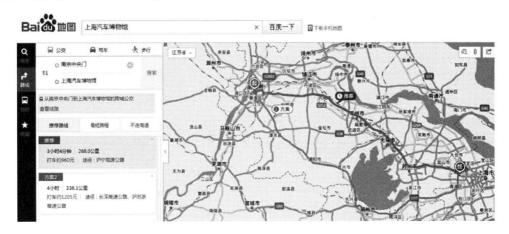

图 1-19　百度地图搜索结果

**任务要求**

依据"生活场景再现"中展示的内容,请模拟百度地图导航(最短距离、最少时间或高速优先),利用 C 语言设计一个程序,该程序可以依据距离(或时间或速度)值进行判断,将最短距离方案显示并推荐给用户。

**任务分析**

依据任务要求,可以对任务进行分析并细化,分别设计如下三个任务。

任务 A(最短距离):从键盘输入两个方案对应的距离(千米数),比较两个方案的距离大小,将距离短的一个方案及距离输出显示,并输出两个距离的差值。

任务 B(最少时间):从键盘输入两个方案对应的行车时间,比较两个时间值的大小,将用时少的一个方案输出显示,并输出差值(提示:时间可按分钟或小时计)。

任务 C(高速优先):从键盘输入两个方案对应的行车时间及千米数,计算各自的速度,依据两个方案的行车速度,将速度快的一个方案及速度输出显示,并输出速度差值。

以任务 A 为例,任务可分解为以下几点。

(1)输入——两个方案对应的距离;

(2)比较——比较两个方案对应的距离值,找出其中距离短的一个方案,并计算二者的距离差值；

（3）输出——给出推荐方案并显示行程距离和两个方案的距离差。

 观察思考1

（1）下面三个图示（图1-20）给出的信息出现在哪些地方？请你用最简短的文字描述其所表示的含义。

（a）　　　　　　　（b）　　　　　　　　（c）

图1-20　生活中的图形符号

（a）

（b）

（c）

（2）依据表1-13左侧给出的价格选择范围，请写出其对应的数学表达式。

表1-13　山地自行车的价格选择与表示

价格选择范围	产 品 图 示	数学表达式
1000元以下	**UCC** 上海世纪公园环球UCC自行车旗… ￥3798.00	
1000~3000元		
3000~5000元	STOUT XC50钪合金车架斯托特… ￥3188.00	
5000元以上		

由此可见,条件可以用不同的方法来表达,生活中与数学中的表达方法不一样,但含义与作用是一样的,那么如果将其放在计算机的程序中,我们需要采用哪种形式才能让计算机明白呢?

 知识准备1　条件判断的实现

在顺序结构的程序中,程序的执行是自动从上向下逐条语句执行,即执行完一条就自动执行下一条,但这种程序比较简单,缺少智能化处理,不能解决复杂问题。

在程序设计中,选择结构(又称分支结构)可以通过检查用户给定的条件是否满足,以决定在多种可选操作中选择其中一个执行,从而实现二选一或多选一的操作。

C语言中,条件的表示方法是通过关系表达式或逻辑表达式来实现的。

1. 关系运算符与关系表达式

用关系运算符将两个运算对象连接而成的式子,称为关系表达式。

关系运算符有: $>$ 、$>=$ 、$<$ 、$<=$ 、$==$ 和 $!=$,其含义及运算符的优先级见表1-14。

表1-14　关系运算符与关系表达式

优先级		关系运算符		关系表达式举例	
		符　号	含　义	表示	结　果
高 ↓ 低	相等	$>$	大于	$5>3$	1
		$>=$	大于或等于	$3>=3$	1
		$<$	小于	$4<3$	0
		$<=$	小于或等于	$4<=6$	1
	相等	$==$	等于	$4==5$	0
		$!=$	不等于	$4!=5$	1

关系表达式中的运算对象可以是常量、变量或表达式(表达式可以是算术表达式、关系表达式、逻辑表达式、赋值表达式、字符表达式等)。

关系表达式用于比较两个或多个对象之间的大小关系。

关系表达式的结果是一个逻辑值,即"真"或"假",在C语言中逻辑值的表示主要有以下两种场合。

(1) 参与表达式运算时:非0代表"真"、0代表"假";若是字符型数据则用ASCII值参与运算。

(2) 表示表达式运算结果时:"真"用数值1表示、"假"用0表示。

2. 关系运算符的优先级

当两个或两个以上的运算符相遇时,C程序将先算哪一个?

C语言规定,关系运算符之间的优先级如下:

- ＞、＞＝、＜、＜＝的优先级别相同;
- ＝＝和!＝优先级相同;
- ＞、＞＝、＜、＜＝高于＝＝、!＝。

当关系运算符与算术运算符相遇时,即一个表达式中既有算术运算符又有关系运算符,C语言规定,算术运算符的优先级高于关系运算符,即进行表达式求值时,先进行算术运算再进行关系运算,运算结果是逻辑值0或1。

3. 关系运算符的结合性

当相同优先级的关系运算符同时出现时,则从左向右进行,即关系运算符的结合性是左结合。

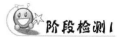
阶段检测1

(1) 找出表1-15中关系表达式的书写错误并修改。

表1-15 关系表达式查错

表达式	正 误	修 改	结 果	说 明
b＝＞5				
a＞b				
3!＝5				其中:a＝3,b＝5
1＝a				

(2) 写出表1-16中数学式子对应的C语言关系表达式。

表1-16 写出对应关系表达式

数学表达式	关系表达式
a≠b	
a≤b	
a≥b	
a≮b	
a≯b	

（3）写出表 1-17 中关系表达式的值。

表 1-17 关系表达式的值

表 达 式	值	说　明
a＋b＞c		
c＞＝a－b		
a＞b＊3		a＝11,b＝9,c＝20
a％2＝＝0		
a!＝a＋b－c		

（4）请将表 1-18 中自然语言描述转换成 C 语言表示的关系表达式。

表 1-18 自然语言转换为关系表达式

自然语言表述形式	C 语言关系表达式
如果速度超过 120km/h	
如果成绩在 90 分(含 90)以上	
如果距离大于 1000km	
如果时间在 10h 以内	
If salary more than 3000	
If age less than 20	

观察思考2

阅读程序,回答问题。

```
//文件名：m1p2t1-ex2-A.cpp
#include <stdio.h>
void main()
{   int a,b;
    scanf("%d,%d",&a,&b);
    printf("%d, %d",a,b);
}
```

（1）该程序的功能是什么?

（2）如果要输出 a 和 b 中大的一个数,该如何做?

知识准备2　用 if 语句实现选择结构

if 语句及执行过程见表 1-19。

表 1-19　if 语句及执行过程

项目	基本形式	执行过程	流程图/N-S 流程图	应用举例

两分支	if（表达式）
	　语句 1；
	else
	　语句 2；
		执行 if 语句时，先对 if 后面的表达式进行求解，若表达式的值为非 0（即表示条件成立，值为"真"），则执行语句 1，若表达式的值为 0（即表示条件不成立，值为"假"），则执行语句 2	非0(真)　　0(假)
			表达式
			语句1　　语句2
			
			或
			表达式
			真　　假
			语句1　语句2
				#include ＜stdio.h＞
				void main( )
				{
				　int x＝3；
				　if（x＞10）
				　　x＝x＋2；
				　else
				　　x＝x＋1；
				　printf("x＝ %d",x)；
				}

单分支	if（表达式）
	　语句 1；
		执行 if 语句时，先对 if 后面的表达式进行求解，若表达式的值为非 0（即表示条件成立，值为"真"），则执行语句 1，若表达式的值为 0（即表示条件不成立，值为"假"），结束 if 语句	非0(真)　　0(假)
			表达式
			语句1
			
			或
			表达式
			真　　假
			语句1
				#include ＜stdio.h＞
				void main( )
				{
				　int x＝3；
				　if（x＜＝10）
				　　x＝x＋1；
				　printf("x＝ %d",x)；
				}

说明	（1）if 后面的表达式一般是一个关系表达式或逻辑表达式，也可以是任意值为 0 或非 0 的表达式； （2）语句 1 和语句 2 可以是一个控制语句，也可以是一个复合语句，还可以是一个空语句			

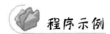 程序示例

```
//文件名：m1p2t1-ep1.cpp
//功能：从键盘输入一个学生的成绩，判断该生是否通过了考试，并显示结果
#include ＜stdio.h＞
void main( )
{
    int grade；
    printf("请输入成绩：")；
    scanf("%f",&grade)；
    if( grade＞＝60 )
        printf("%d 分，恭喜过关！",grade)；
    else
```

```
    printf("%d,未过关,要加油哟!", grade);
}
```

 阶段检测2

写出下面程序的运行结果。

程序 A：

```
//文件名：m1p2t1-test2-A.cpp
#include <stdio.h>
void main()
{
int x=5;
if (x%2==0)
    printf("%d 是偶数!",x);
else
    printf("%d 是奇数!",x);
}
```

运行结果：_____

程序 B：

```
//文件名：m1p2t1-test2-B.cpp
#include <stdio.h>
void main()
{
    int x=5,y;
    if (x<2)
y=x;
    else
y=2*x+1;
    printf("y=%d",y);
}
```

运行结果：_____

任务解决方案

注：以任务 A 为例。

步骤 1：拟定方案

（1）输入——方案 1 与方案 2 的距离 s1、s2；

（2）比较——比较 s1 和 s2 的大小，找出小的一个，并计算二者间的差值 s；

（3）输出——推荐方案及行程距离，与另一方案之间相差的距离。

步骤2：确定方法

（1）确定数据存储形式

序号	变量名	类型	作 用	初值	输入或输出格式
1	s1	float	存放方案1的距离	—	scanf("%f",&s1);
2	s2	float	存放方案2的距离	—	scanf("%f",&s2);
3	s	float	存放距离差值	—	printf("%f ",x);

（2）画出程序流程图

程序流程图如图1-21所示。

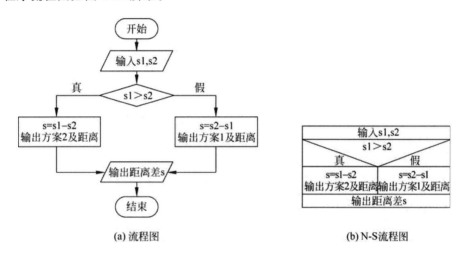

(a) 流程图   (b) N-S流程图

图1-21 程序流程图

步骤3：代码设计

（1）编写程序代码

```cpp
/* 文件名：m1p2t1-A.cpp */
#include <stdio.h>
void main()
{
float s1,s2,s;
printf("请依次输入方案1与方案2的距离(用空格分隔)：\n");
scanf("%f %f",&s1,&s2);
if(s1>s2)
    {
        printf("推荐方案为方案2,总行程约为%.1f千米,",s2);
        s=s1-s2;
    }
else
    {
```

```
        printf("推荐方案为方案 1,总行程约为%.1f 千米",s1);
            s＝s2－s1；
        }
        printf("比另一方案近%.1f 千米\n",s);
}
```

（2）设置测试数据

分别输入以下三组数据,观察程序运行结果,检验程序功能。

第一组：
268,336.1↙
第二组：
777.9,734.4↙
第三组：
777.9,777.9↙

步骤 4：调试运行

程序的运行结果为：

```
请依次输入两个方案的距离〈用空格分隔〉：
268 336.1
推荐方案为方案1，总行程约为268.0千米比另一方案近68.1千米
Press any key to continue
```

阶段检测3

依据程序功能,请找出程序中出现的错误。（提示：3 处）

```
//文件名：m1p2t1-test3.cpp
//功能：从键盘输入员工的请假天数,若请假天数为 0,则奖金为 500,否则奖金为扣除"请假天数
*50"后的金额
#include <stdio.h>
void main()
{
    int ts,jj;
    printf("请输入请假天数：");
    scanf("%d",ts);
    if( ts＝0 )
        jj＝500
    else
        jj＝500-ts*50;
    printf("因请假%d 天,所以本月奖金为%d,加油哟!\n", ts,jj);
}
```

知识拓展

（1）if 语句若有 else 部分，则 if…else…是一个语句，else 不能单独作为一个语句而出现；

（2）在 C 语言中，关系运算结果也可以和其他数值型（如 int、float 等）数据一样参与数值运算，或者将其值赋给其他变量，这是因为关系表达式的运算结果只能是 1 或 0。

比较计算以下两个表达式的运算结果（若 a＝3，b＝2）：

（1）f＝a＋1＞b

（2）f＝a＋（1＞b）

运算过程如下：

（1）f＝a＋1＞b 等价于 f＝（a＋1）＞b

运算顺序：

① a＋1 结果为 4；

② 再算（a＋1）＞b，即 4＞b，结果为 1；

③ 最后将（a＋1）＞b 的值赋给 f，即 f＝1，所以表达式的值为 1。

（2）f＝a＋（1＞b）

运算顺序：

① 先算括号内即关系表达式 1＞b，结果为 0；

② 再算算术表达式 a＋（1＞b），即 a＋0，结果为 3；

③ 后计算赋值表达式 f＝3，即结果为 3，所以表达式的值为 3。

任务2 三个数的大小比较

 生活场景再现

最近，张明负责的一个系统开发项目通过了用户的验收，于是，他向领导申请休假三天，计划和项目组的两个同事到江南去游玩两天，第一站选择了无锡太湖，出发前，他们在百度地图上查看了一下线路，百度地图很快给出了如图 1-22 所示的线路图及推荐方案。那么程序是如何从三个方案中找出一个最佳方案推荐给用户的呢？

 **任务要求**

依据"生活场景再现"中所展示的内容，模拟百度地图设计一个程序，该程序能依据用户给出的选择条件从三个方案中选择一个最佳方案推荐给用户。

图 1-22　百度地图搜索结果

任务分析

从图 1-22 中得知,程序可以以时间长短或距离长短来判断。可设计如下两个任务。

任务 A(距离优先):从键盘输入三个方案对应的千米数,比较三个方案的距离大小,将千米数小的一个方案及千米数输出显示。

任务 B(时间优先):从键盘输入三个方案对应的行车时间,比较三个时间值的大小,将数值小的一个时间输出显示。

任务可分解如下。

(1) 输入——三个方案对应的距离;

(2) 比较——比较三个距离,找出距离最短的一个方案并输出;

(3) 输出——给出推荐方案并显示行程距离。

观察思考1

（1）依据表格左侧的价格选择范围和数学表达式，写出 C 语言表达式。

山地自行车的价格范围与表达式见表 1-20。

表 1-20 山地自行车的价格范围与表达式

价格选择范围	产品图示	数学表达式	C 语言表达式
1000元以下		价格<1000	
1000~3000元	上海世纪公园环球UCC自行车旗… ¥3798.00	1000≤价格≤3000	
3000~5000元		3000<价格≤5000	
5000元以上	STOUT XC50钪合金车架斯托特… ¥3188.00	价格>5000	

（2）毕业生应聘工作岗位时，单位的招聘启事如图 1-23 所示。

公司介绍　招聘职位　新闻动态　评论

　　无锡立华会计事务有限公司是经财政局审核并颁发代理记账许可证的专业财务代理公司。拥有无锡公司注册企业注册代理资格并提供相关配套服务，如无锡注册公司一家提供代理记账、代理开票、外贸会计、进出口贸易会计、出口退税、会计咨询、税务咨询、纳税筹划、工商注册、验资审计、公司更名、地址变更等财务类服务的专业公司。

招聘职位	学历要求	工作经验	工作地点	薪资待遇
总账会计	大专以上	5-10年	南长区/南禅寺街道	3000-5000元/月

图 1-23 单位招聘要求

① 列出该公司对招聘人员的岗位能力要求及各要求之间的关系。

② 写出招聘公司给招聘人员开出的工作待遇（用数学方法表示）。

知识准备1　逻辑运算符与逻辑表达式

在实际生活、工作中,很多时候实际的判断条件往往不止一个,多个条件之间还存在相应关系。如网购时,商家依据用户需求给定价格1000~3000元,用数学表达式表示为1000≤价格≤3000,其实际含义是价格在1000元(含1000元)以上且在3000元(含3000)以下;如公司在招聘人员时,要求的学历为大专以上、工作经验为3~5年,实际要求学历为大专、本科、研究生,工作经验3年(含3年)以上,5年(含5年)以下。

那么,在C程序中如何准确表示多个条件之间的关系及判断结果呢?

用逻辑运算符将一个或多个关系表达式或逻辑量连接起来的式子,称为逻辑表达式。C语言中,逻辑运算符与逻辑表达式见表1-21。

表1-21　逻辑运算符与逻辑表达式

优先级	逻辑运算符		逻辑表达式举例		
	符号	含义	逻辑表达式表示	读法	逻辑表达式含义
高 ↓ 低	!	逻辑非	!(a>b)	非(a>b)	不是(a>b)
	&&	逻辑与	语文>70 && 语文<90	语文>70 与语文<90	语文>70 且语文<90
	‖	逻辑或	语文<60 ‖ 数学<60	语文<60 或数学<60	语文<60 或数学<60

在C语言中,任何一个数据都可以看作是一个逻辑量,逻辑量的判断依据是:非0为"真",0为"假"。

我们知道,关系表达式的值是一个逻辑量,即1("真")或0("假"),因此,逻辑表达式的值也一定是一个逻辑量。在逻辑表达式的计算过程中,逻辑表达式的值要依据运算对象的值而定,假设a和b都是逻辑量,当a和b取不同值时,其逻辑表达式的值见表1-22。

表1-22　逻辑运算真值表

运　算　对　象		逻辑表达式		
a	b	a&&b	a‖b	!b
1	1	1	1	0
1	0	0	1	1
0	1	0	1	0
0	0	0	0	1

说明:

① 参与逻辑与运算的两个运算对象都为真时,结果才为真,否则结果为假;

② 参与逻辑或运算的两个运算对象只要有一个为真,结果就为真,否则结果为假。

1. 逻辑运算符的优先级

在C语言中,任何类型的表达式都可以用逻辑值0或1来表示,所以逻辑运算符可以连接任何类型的运算对象。如果逻辑表达式比较复杂,则需要依据运算符的优先级进行计算,即优先级高的表达式先计算,优先级低的表达式后计算。

C语言中,单目运算符的优先级高于双目运算符的优先级,除此以外,当算术运算符、关系运算符与逻辑运算符出现在一个逻辑表达式中时,其运算符的优先级如下所示:

$$!(逻辑非)\rightarrow 算术运算符\rightarrow 关系运算符\rightarrow \&\&(逻辑与)\rightarrow \|(逻辑或)$$

高 低

2. 逻辑运算符的结合性

! 是一个单目运算符,即只要求一个运算对象,且运算符的结合性是右结合,即自右向左进行计算。

&& 和 ‖ 均是双目运算符,要求必须有两个运算对象参与运算,如 a&&b、a‖b、a>b &&b>c、a>b ‖a!=0,其结合性是左结合,即自左向右进行计算。

如有:

5>3 && 8<'c' ‖ 4-!0

该逻辑表达式的求解过程及顺序如下:

$$\underline{5 > 3} \quad \&\& \quad \underline{8 < 'c'} \quad \| \quad 4 - \underline{!0}$$

① 1   ② 0   ④ 1
③ 0   ⑤ 3
⑥ 1

执行顺序说明:

(1) 由于>的优先级高于 &&,所以先算①,即 5>3,结果为真,即 1。

(2) 由于 && 的优先级低于<,所以先算②,即 8<'c',由于C语言中字符采用对应的 ASCII 值参与运算,'c'对应的 ASCII 值为99,即 8<99,结果为假,即 0。

(3) 由于 && 的优先级高于‖,所以先算③,即 1&&0,结果为0,到此表达式可简化为:0 ‖ 4 - ! 0。

(4) 由于‖的优先级低于-(减法运算符),所以先算-(减法),但-(减法运算符)优先级又低于!,所以最终先算!,而! 运算是右结合,即与右侧的运算对象结合,所以! 0 的值为1,完成了第④步。再算⑤即 4-1,其结果为3,0‖3 的结果为真,即 1。

(5) 该逻辑表达式的值为1。

 **阶段检测1**

(1) 计算下列逻辑表达式的值,画出求解过程。

① 5 > 3   ‖   8 <'c'&& 4 - ! 0

② 5＞3 && 8＜'c' ‖ 4＜4－!0

③ 5＞3 ‖ 8＜'c'&& 4＜4－!0

（2）画出下列描述条件中的关键词，并写出对应的逻辑或关系表达式。

① 年龄不超过 60 岁的男性。

② 价格在 200～500 元的男装。

知识拓展

（1）C 语言规定，逻辑运算符两侧的运算对象可以是 0 和非 0 的整数，也可以是其他任何类型的数据，如字符型、实型或指针型等，只要其值为 0 则都作"假"处理，若其值不为 0，则都作"真"处理。

（2）在计算逻辑表达式的值时，只有在必须得到下一个表达式值才能求解逻辑表达式的值时，才求解该表达式，否则，计算终止。换句话说：

① 对于逻辑或运算，如果左侧的运算对象结果为"真"，无论右侧运算对象的结果是"真"还是"假"，都不会对结果产生影响，系统则不再求解右侧的表达式。

② 对于逻辑与运算，如果左侧的运算对象结果为"假"，无论右侧运算对象的结果是"真"还是"假"，都不会对结果产生影响，系统则不再求解右侧的表达式。

 观察思考2

对比以下两个表达式求值的过程，理解 && 与 ‖ 在求解过程中的不同之处。

项目	表达式 A	表达式 B
执行顺序	5 ＞ 3 ‖ 8 ＜ 'c' ‖ 4 ＜ 4－10 ① 1	5 ＜ 3 && 8 ＜ 'c' ‖ 4 ＜ 4 － 10 ① 0 ② 1 0 ③ 3 ④ 0 ⑤ 0
说明	当执行到①后，此时无论 8＜'c'‖4＜4－!0 的结果是什么，整个逻辑表达式的值都为 1，因此系统不再计算 8＜'c'‖4＜4－!0	由于 5＜3 结果为"假"，所以无论 8＜'c' 的结果是什么，都不会影响 5＜3&&8＜'c' 的结果，所以系统不再计算 8＜'c'，而直接求解 4＜4－!0

 知识准备2 用嵌套的 if 语句实现多分支选择结构

回想一下浙江卫视"中国好声音"节目，导师选歌手与歌手选导师的情况有什么不同？

我们已经知道,从给定的一个选择中可以有选或不选两种情况;从给定的两个以上的选择中只选一个时,可能就要进行多次判断了。那么这种情况 C 语言又将如何实现呢? C 语言规定,一个 if 语句可以包含一个或多个 if 语句,即嵌套的 if 语句。

嵌套 if 语句的一般形式如下:

if(表达式 1)
 if(表达式 2)
 语句 A;
 else
 语句 B;
else
 if(表达式 2)
 语句 C;
 else
 语句 D;

if 语句及常见的嵌套 if 语句见表 1-23。

表 1-23　if 语句及常见的嵌套 if 语句

项目	if 语句	嵌套的 if 语句	
		形式 1	形式 2

一般形式	if(表达式)
	 语句 1;
	else
	 语句 2;
		if(表达式 1)
		 if(表达式 2)
		 语句 A;
		 else
		 语句 B;
		else
		 语句 2;
			if(表达式 1)
			 语句 1;
			else
			 if(表达式 2)
			 语句 A;
			 else
			 语句 B;
				if(表达式 1)
				 语句 1;
				elseif(表达式 2)
				 语句 A;
				elseif(表达式 3)
				 语句 B;
				 …
				else
				 语句 N;

流程图				

续表

项目	if 语句	嵌套的 if 语句	
		形式 1	形式 2
程序功能：从键盘输入一个整数，求该数的绝对值			

程序举例	方法 1：
	#include <stdio.h>
	void main()
	{
	    int a,b;
	    scanf("%d",&a);
	    if (a<0)
	        b=-a;
	    else
	        b=a;
	    printf("%d 的绝对值为%d\n",b);
	}
		方法 2：
		#include <stdio.h>
		void main()
		{
		    int a,b;
		    scanf("%d",&a);
		    if (a!=0)
		        if (a<0)
		            b=-a;
		        else
		            b=a;
		    else
		        b=0;
		    printf("%d 的绝对值为%d\n",b);
		}
			方法 3：
			#include <stdio.h>
			void main()
			{
			    int a,b;
			    scanf("%d",&a);
			    if (a<0)
			        b=-a;
			    else
			        if (a==0)
			            b=0;
			        else
			            b=-a;
			    printf("%d 的绝对值为%d\n",b);
			}

运行结果	第一次输入： -5(回车) 程序运行结果： -5 的绝对值为 5	第二次输入： 10(回车) 程序运行结果： 10 的绝对值为 10	第三次输入： 0(回车) 程序运行结果： 0 的绝对值为 0

if 语句类似于儿童玩的搭积木游戏，无论 if 语句有多长，我们都可以看成一个整体，在进行 if 语句的嵌套时，只要将一个完整的 if 语句放在另一个 if 语句的其中一个分支中，就可以实现嵌套的 if 语句，从而实现多分支的选择结构。

📖 能力拓展

用 N-S 流程图表示的分支结构如图 1-24 所示。

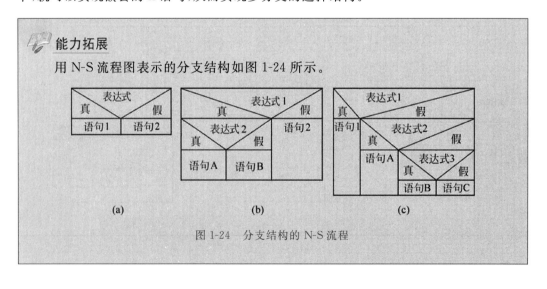

图 1-24　分支结构的 N-S 流程

 阶段检测2

(1) 有如下程序,请调试运行,并根据输入的数据分析程序运行结果,说出程序的功能。

```cpp
//文件名: m1p2t2-test2-1.cpp
#include <stdio.h>
void main()
{int a,b,c;
    printf("请输入两个 100 以内的整数,用空格分隔:");
    scanf("%d %d",&a,&b);
    if (a>0 && b>0)
        if (a>=100 || b>=100)
            printf("输入的数超过 100,不会算,请输入 100 以内的数!\n");
        else
        {c=a+b;
            printf("%d+%d=%d\n",a,b,c);
        }
    else
        printf("输入的数小于 0,不会算,请输入大于 0 的数!\n");
}
```

(2) 下面程序的功能是从键盘输入学生的考试成绩(满分 100 分),根据输入的成绩输出学生的成绩等第。成绩在 60 分(不含 60 分)以下为不合格、60～75 分(不含 75 分)为合格、75～85 分(不含 85 分)为良、85～100 分为优,请填空完成程序。

```cpp
//文件名: m1p2t2-test2-2.cpp
#include <stdio.h>
void main()
{int cj;
    printf("请输入考试成绩: ");
    scanf("%d",&cj);
    if (cj<60)
     printf("您本科目考试成绩为: 不合格\n");
    else
        if ____①____
            printf("您本科目考试成绩为: 合格\n");
        else
        if ____②____
            printf("您本科目考试成绩为: 良\n");
        else
            ____③____
}
```

（3）用另一种 if…elseif…else 形式的嵌套 if 语句实现题 2 程序的功能。

 **程序示例**

对题 2 的程序 m1p2t2-test2-2.cpp 再进行优化，增加一个中间变量（字符型变量 ch）以存放成绩的等第 A～D，则程序可以更简单，如下所示：

```c
//文件名：m1p2t2-test2-3.cpp
#include <stdio.h>
void main()
{
    int cj;
    char ch;
    printf("请输入考试成绩：");
    scanf("%d",&cj);
    if (cj<60)
        ch='D';
    elseif(cj<75)
        ch='C';
    elseif (cj<85)
        ch='B';
    else
        ch='A';
    printf("您本科目考试成绩为：%c。\n",ch);
}
```

 任务解决方案

注：以任务 A 为例。

步骤 1：拟定方案

（1）输入：三个数 s1、s2、s3。

（2）比较：s1、s2 与 s3 分别比大小。

设中间变量 min 和 name，用于暂时存放两两比较的结果，min 始终存放两个距离中较小的距离，name 始终存放对应的方案名称。可采用如下方法比较：

```
如果(s1>s2)
    min 存放值小的距离 s2;
    name 存放短距离对应的方案编号'2';
否则
    min 存放值小的距离 s1;
    name 存放短距离对应的方案编号'1';
如果(min>s3)
    min 存放值小的距离 s3;
    name 存放短距离对应的方案编号'3';
```

（3）输出：min 和对应的方案名称 name。

步骤 2：确定方法

（1）确定数据存储。

序号	变量名	类型	作　　用	初值	输入或输出格式
1	s1	float	存放方案 1 的距离	—	scanf("%f",&s1);
2	s2	float	存放方案 2 的距离	—	scanf("%f",&s2);
3	s3	float	存放方案 3 的距离	—	scanf("%f",&s3);
4	name	char	暂时存放较短距离对应的方案编号	—	printf("推荐方案为方案%c,\n", name);
5	min	float	暂时存放较短的距离	—	printf("总行程约为%.2f 千米 \n",min

（2）画出程序流程图，如图 1-25 所示。

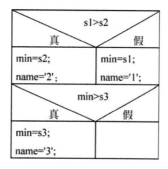

图 1-25　N-S 流程图

步骤 3：代码设计

（1）编写程序代码。

```
/* 文件名：m1p2t2-A.cpp */
#include<stdio.h>
void main()
{
float s1,s2,s3,min;
char name;
printf("请依次输入三个方案的距离(用逗号分隔)：\n");
scanf("%f,%f,%f",&s1,&s2,&s3);
printf("三个方案的距离%.2f,%.2f,%.2f\n",s1,s2,s3);
if(s1>s2)
{min=s2;
name='2';
}
else
{min=s1;
    name='1';
}
if (min>s3)
```

```
{min=s3;
    name='3';
}
    printf("推荐方案为方案%c,总行程约为%.2f 千米 \n",name,min);
}
```

（2）设置测试数据。

分别输入以下几组数据,观察程序运行结果,检验程序功能。

第一组：10,20,30 ↙
第二组：10,30,20 ↙
第三组：20,10,30 ↙
第四组：20,30,10 ↙
第五组：30,10,20 ↙
第六组：30,20,10 ↙

步骤 4：调试运行

程序的运行结果（第一组与第六组）为：

```
请依次输入三个方案的距离<用逗号分隔>：10,20,30
三个方案的距离10.00, 20.00, 30.00
推荐方案为方案1，总行程约为10.00公里
Press any key to continue_

请依次输入三个方案的距离<用逗号分隔>：30,20,10
三个方案的距离30.00, 20.00, 10.00
推荐方案为方案3，总行程约为10.00公里
Press any key to continue_
```

 阶段检测3

调试并运行以下两个程序,找出两个程序的不同之处。

程序 1：

```
#include <stdio.h>
void main()
{int a,b;
    scanf("%d",&a);
    if (a<0)
 b=-a;
    else
      if (a==0)
b=0;
        else
 b=-a;
    printf("%d 的绝对值为%d\n",b);
}
```

程序 2：

```
#include <stdio.h>
void main()
{int a,b;
    scanf("%d",&a);
    if (a<0)
b=-a;
    elseif (a==0)
 b=0;
    else
b=-a;
    printf("%d 的绝对值为%d\n",b);
}
```

能力拓展

若不用中间变量 min 和 name,则任务 2 的程序用 if-else 嵌套语句实现。程序如下:

```
/ * 文件名: m1p2t2-A-2.cpp * /
#include<stdio.h>
void main()
{float s1,s2,s3;
    printf("请依次输入三个方案的距离(用逗号分隔): \n");
    scanf("%f,%f,%f",&s1,&s2,&s3);
    printf("三个方案的距离%.2f,%.2f,%.2f\n",s1,s2,s3);
    if(s1>s2)
     if (s2>s3)
        printf("推荐方案为方案 3,总行程约为%.2f 千米 \n",s3);
     else
        printf("推荐方案为方案 2,总行程约为%.2f 千米 \n",s2);
    else
     if (s1<s3)
        printf("推荐方案为方案 1,总行程约为%.2f 千米 \n",s1);
    else
     if (s2<s3)
        printf("推荐方案为方案 3,总行程约为%.2f 千米 \n",s3);
        else
        printf("推荐方案为方案 3,总行程约为%.2f 千米 \n",s3);
}
```

任务3 字符比较与大小写转换

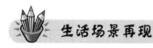

生活场景再现

当你在网络上畅游时,是否曾经遇到如图 1-26 所示的情况? 没错,无论是两次输入比对、按给定的字符进行比对还是设置图形验证码,都是用户使用网络时的一种辅助安全手段,因此,可以说验证码在 Web 安全中有着特殊的地位。当然,验证手段与技术也在不断创新、变化,但归根结底要回到字符的比较匹配上。除此以外,字符处理在网络中、应用工具中都有很广泛的应用。

任务要求

在实际工作、生活中,我们遇到的英文字母有大写也有小写,有时不区分大小写,可有时大小写字母又有严格的限制。请你设计一个 C 程序实现以下功能,从键盘上接收任意一个字符,如果是空格,则输出其对应的 ASCII 值,如果是英文字母,无论是大写还是小

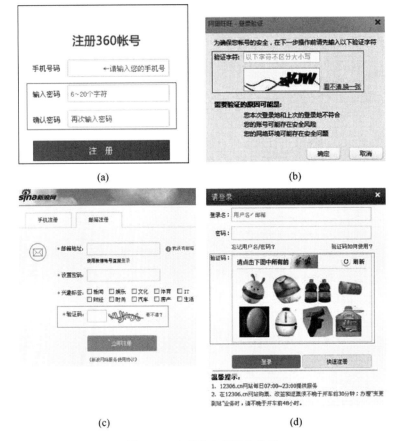

图 1-26　密码及验证码的使用

写,全部按大写字母输出,如果是其他字符,则直接输出字符。

 任务分析

对照键盘(图 1-27)与 ASCII 表(表 1-24),我们可知,键盘上的字符有英文字母、数字、标点符号以及其他控制键。标准 ASCII 表有 128 个字符,但能在 C 程序中使用的字符是有限的,只有 ASCII 表中值在 32~126 对应的字符,也就是说能在键盘中找到的字符才可以在 C 程序中直接表示出来,其余的是不能直接使用的。

图 1-27　标准 101 键盘

表 1-24　基本 ASCII 表

项目	0000	0001	0010	0011	0100	0101	0110	0111
0000	NUL(00)H	DLE(10)H	(SPACE)	0(30)H	@(40)H	P(50)H	`(60)H	p(70)H
0001	SOH	DC1	!	1	A	Q	a	q
0010	SIX	DC2	"	2	B	R	b	r
0011	ETX	DC3	#	3	C	S	c	s
0100	EOT	DC4	$	4	D	T	d	t
0101	END	NAK	%	5	E	U	e	u
0110	ACK	SYN	&	6	F	V	f	v
0111	BEL	ETB	'	7	G	W	g	w
1000	BS	CAN	(	8	H	X	h	x
1001	HT	EM	)	9	I	Y	i	y
1010	LF	SUB	*	:	J	Z	j	z
1011	VT	ESC	+	;	K	[	k	{
1100	EF	FS	,	<	L	\	l	|
1101	CR	GS	-	=	M	]	m	}
1110	SO	RS	。	>	N	^	n	~
1111	SI	US	/	?	O	_	o	DEL

从键盘上输入的可能是字母,也可能不是字母,那么如何判断呢?

方法 1:直接比较字符,比较输入的字符是否为 a~z 或 A~Z;

方法 2:比较字符的 ASCII 值,小写字母的值为 97~122,大写字母的值为 65~90。

 知识准备1　字符及字符比较

1. 字符型常量

C 语言中,字符型常量是用单引号括起来的一个字符,如 'a'、'9'、'%'。

2. 字符型数据的比较

数值有大小,字符也有大小。C 语言中,字符型常量等同于数值型常量,字符型常量的值就是字符对应的 ASCII 值,可以与数值一样在程序中参与运算。

特别说明:用 %c 输入或输出字符型数据,结果为字符;用 %d 控制输入或输出时,其值则是 ASCII 值。

 **阶段检测1**

(1) 查找 ASCII 表,写出下列字符对应的 ASCII 值。

字符	'a'	'z'	'A'	'Z'	'0'	'9'	'+'	'-'	'*'	'/'
ASCII 值										

（2）在程序中如果想输出显示如下信息，printf()函数应该如何使用？

孔子说："三人行，必有我师焉！"
I proud aloud that I'm from China!

 观察思考

若有：

char ch1＝'a',ch2＝'A';
int c;

则以下表达式运算结果是多少？
（1）c＝ch1－ch2＋5;
（2）ch1 ＞'0' && ch1 ＜'9' ‖ ch1 ＞ 0 && ch1 ＜9

 知识准备2　条件运算符与条件表达式

1. 运算符的分类

前面我们已经学习过常用的运算符，若按运算符的功能划分，有如下几类。
- 算术运算符：－（负号运算符）、＋、－、＊、/、％、＋＋、－－。
- 关系运算符：＞＝、＜＝、＞、＜、＝＝、!＝。
- 逻辑运算符：!、&&、‖。
- 赋值运算符：＝、＋＝、－＝、＊＝、/＝、％＝。
- 取地址运算符：&。
- 条件运算符：?:。

同时，若按运算符需要的运算对象划分，运算符又可以分为以下几类。
- 单目运算符：只需要一个运算对象，如!（逻辑非运算符）、－（负号运算符）、&（取地址运算符）等。
- 双目运算符：需要有两个运算对象，如＋、－、＊、/、&&、‖、＝、复合赋值运算符（＋＝、－＝、＊＝、/＝、％＝）等。
- 三目运算符：需要有三个运算对象，由? 和: 两个符号组成的运算符。

2. 条件表达式

条件运算符是由? 和: 两个符号组成的运算符，它是 C 语言中唯一的三目运算符，即它需要有三个运算对象。用条件运算符连接的式子称为条件表达式。

条件表达式的一般形式：

表达式 1? 表达式 2: 表达式 3

（1）条件表达式的求解过程
计算并判断表达式 1 的值，若为"真"，则计算表达式 2 的值，那么条件表达式的值就等于表达式 2 的值,结束条件表达式的求解;若表达式 1 的值为"假",则计算表达式 3 的值,那么条件表达式的值则等于表达式 3 的值,结束条件表达式的求解。

条件表达式的求解过程可用流程图表示,如图 1-28 所示。

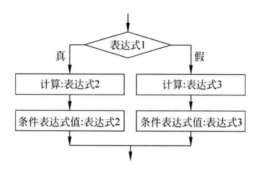

图 1-28　条件表达式的求解过程

由条件表达式的求解过程我们可以看出,它实际上相当于一个简单的 if 语句。它与 if 语句的不同之处是它不能内嵌语句。由于它是一个表达式,因此,条件表达式通常是将它赋值给一个变量,作为一个赋值语句出现,如下所示:

变量＝条件表达式; 或
变量＝表达式 1 ? 表达式 2 : 表达式 3;

 **程序示例**

```
//文件名:m1p2t3-ep1.cpp
#include <stdio.h>
void main()
{
int a=4,b=2,max;
max = (a>b)?a:b;
printf("%d 与%d 中大的是:%d\n",a,b,max);
a=13;
b=12;
max = (a>b)?a:b;
printf("%d 与%d 中大的是:%d\n",a,b,max);
}
```

程序的运行结果如下:

```
4与12中大的是: 12
13与12中大的是: 13
Press any key to continue
```

(2) 条件表达式的使用说明

① 条件运算符的优先级:与算术运算符、关系运算符、逻辑表达式、赋值运算符相比,其优先级如图 1-29 所示。

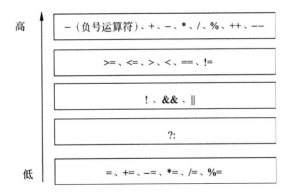

图 1-29   条件运算符与其他运算符之间的优先级比较

如(若 a＝5,b＝7,c＝9,d＝1)：

max＝a＞b?a：b	等价于　max＝(a＞b)?a：b	值 7
a＞b?a：a＋1	等价于　a＞b?a：(a＋1)	值 8
a＜0?－a：a	等价于　a＜0?(－a)：a	值 7
a＜b?a＝a＋100：b＝b＋100	等价于　a＜b?(a＝a＋100)：(b＝b＋100)	值 105

② 条件运算符的结合性：结合方向是"自右向左"，即右结合。

如：

a＞b?a：c＞d?c：d	等价于 a＞b?a：(c＞d?c：d)	值 9

③ 条件表达式中三个表达式的类型：三个表达式可以不同，表达式 2 和表达式 3 的类型不同时，条件表达式的类型取表达式 2 和表达式 3 中较高的类型。

如：

a＞b?'A'：'a'	条件表达式值的类型：char
a＞b?'A'：97	条件表达式值的类型：int
a?a：''	条件表达式值的类型：a 的类型
a!＝b?1：1.0	条件表达式值的类型：float

阶段检测2

(1) 如表 1-25 所示的条件表达式中，当变量分别取不同的值时，计算条件表达式的值。

表 1-25   计算条件表达式的值

序号	条件表达式	条件表达式的值	
		若 a＝2,ch='c',f＝3.0	若 a＝ －10,ch='Q',f＝ －7.0
1	a＞0?a：－a		
2	f==3.0?a：f		
3	(f＞0)?f＝f＋1：f＝f－1		
4	ch＝(ch＞'A' && ch＜'Z')?ch＋32：ch；		

（2）按要求写出对应的条件表达式。

① 员工工龄 gl 超过 5 年（含 5 年）的月薪资 salary 加 500，不足 5 年的月薪资加 100。（工龄：gl，月薪资：salary）

② 一个数 x 若小于 0，则绝对值为相反数，否则绝对值为本身。

③ 若字符型变量 ch 的值为 '＋'，则计算 a 与 b 的和，否则计算 a 与 b 的积。

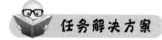

步骤 1：拟定方案

（1）输入：从键盘上输入一个字符给变量 ch；

（2）判断并输出：

判断字符是否空格，若是空格，则输出该字符 ASCII 值；

否则，判断字符是否为字母，若为字母，判断是否为小写字母，若是小写，则转换为大写，若为大写则不转换；

否则，为其他字符，以字符形式直接输出。

步骤 2：确定方法

（1）确定数据存储形式。

序号	变量名	类型	作　　用	初值	输入或输出格式
1	ch	char	接收从键盘上输入的字符	—	ch＝getchar();或 scanf("%c",&ch);

（2）画出程序流程图。

字符判断处理部分流程图如图 1-30 所示。

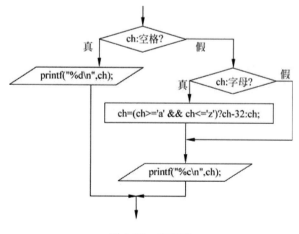

图 1-30　流程图

步骤 3：代码设计

（1）编写程序代码

```
//文件名：m1p2t4.cpp
//功能：小写字母转换为大写字母
#include <stdio.h>
#include <stdlib.h>
#include <time.h>
void main()
{
char ch;
ch=getchar();
if (ch==' ')
    printf("当前输入的字符是空格%d(ASCII)。\n",ch);
else
    if (ch>='a' && ch<='z' || ch>='A' && ch<='Z')
    {
        ch=(ch>='a' && ch<='z')?ch-32：ch;
        printf("当前输入的字符是字母%c。\n",ch);
    }
    else
        printf("当前输入的字符是其他符号%c。\n",ch);
}
```

（2）设置测试数据

第一组：n↙
第二组：T↙
第三组：(空格)↙
第四组：%↙

步骤 4：调试运行

程序的运行结果（第二组与第三组）为：

阶段检测3

若不从键盘输入字符，而是由系统随机产生一个字符（ASCII 值为 32～126），那么本任务中的程序 m1p2t4.cpp 该如何修改？

提示：a=rand()%95+32；可产生一个值为 32～126 的正整数。

任务4 简易算术小游戏的设计

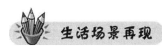

随着网络、智能设备的普及,游戏成了很多人手边常备的东西,我们可能知道很多大型的网络游戏,如传奇、仙剑等,但不一定知道图 1-31(a)、图 1-31(c)所示的两款小游戏,即小朋友用于快乐学习的九章算术游戏和快速算术游戏。

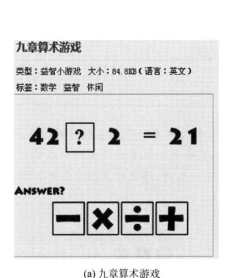

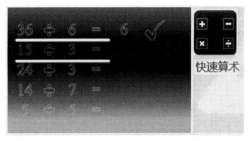

(b) 小游戏网站

(a) 九章算术游戏

(c) 快速算术

图 1-31 益智数学小游戏

请你仿照"生活场景再现"中给出的小游戏,利用整数及＋、－、＊、/四种算术运算设计一个 C 程序,由程序自动生成进行计算的数据,用户输入运算符或运算结果,由程序判断其结果是否正确。

依据任务要求,可设计如下两个游戏。

游戏 A:根据结果猜运算。

游戏规则:程序自动产生两个数,并随机从＋、－、＊、/四种运算中选取一个计算出结果,由用户依据三个数之间的关系推断计算方法,然后计算机判断用户推断的结果是否正确。

游戏 B:根据公式求结果。

游戏规则:程序自动产生两个数,并随机从＋、－、＊、/四种运算中选取一个,由用户来计算结果,然后计算机判断结果是否正确。

C语言提供了多种函数,也有可以产生随机数的函数。因此,根据任务要求,可以通过函数调用来随机产生参与运算的数据,然后,再调用函数随机产生运算符,这样无论是判断运算结果还是运算符是否正确,都可以实现。将任务分解如下。

游戏 A:由计算机随机取两个数,并随机选择一种运算符,计算机根据运算符计算出两个数的运算结果。然后将三个数显示给用户,由用户根据三个数之间的关系,推断运算方法,最终由程序确定用户的推断是否正确。

游戏 B:用户从四种运算符中指定一个,再由计算机随机生成两个正整数,由用户输入计算结果,计算机来判断用户的运算结果是否正确。

 观察思考

图1-32所示的是一个福彩网上投注的页面。我们先来看一下彩票投注的过程,彩民在投注时,可根据提示的数字任意选择一个三位数,或由计算机自动产生一个或多个三位数,如159、228等。中奖号的产生原理与随机投注是一样的,那么计算机是如何产生这些号码的呢?

图1-32　福彩网上投注页面

↓添加选号↓

共5注	随机来1注	随机来5注	
直选单式 0|5|7 [1注,2元]			1倍
直选单式 8|8|8 [1注,2元]			1倍
直选单式 9|2|9 [1注,2元]			1倍
直选单式 6|6|9 [1注,2元]			1倍
直选单式 9|8|6 [1注,2元]			1倍

图 1-32(续)

由图 1-32 可以看出,无论是投注还是产生中奖号,百位、十位、个位上的数字都要求为 0~9,那么组成的三位数就是 000~999。

由此可以确定,只要给计算机指定一个范围,计算机就在此范围内随机产生一个数。可以采用如下两种方法来产生一个三位数。

方法1:给定 0~9 的范围,分别产生三个一位数,然后依序组合成一个三位数;

方法2:给定 000~999 的范围,直接产生一个三位数。

 知识准备 随机数生成

1. 随机数生成函数 rand()

rand() 可以随机生成 1 个 0~32 767 的伪随机数。

一般用法:

rand()

 程序示例1

```cpp
//文件名:m1p2t4-ep1.cpp
#include <stdio.h>
#include <stdlib.h>
void main()
{
int a;
    a=rand();    //产生一个 0~32 767 的伪随机数
    printf("%d\n",a);
}
```

说明:该程序无论连续运行多少次,程序的输出结果始终一样,都是同一个数,如41。那么,如何才能让程序连续运行多次,每次产生的结果都不一样呢?

2. 伪随机种子生成函数 srand()

为了保证每次产生的随机数是各不相同的,C 语言又提供了一个 srand() 函数,该函数与 rand()函数结合使用,srand()主要用来设置 rand()产生随机数时的随机数种子,rand()函数主要用来产生随机数。

一般用法:

srand(unsigned t)

srand()函数需要一个整数作为参数,如果每次的随机数种子取值相同,rand()产生的随机数值每次就会一样,所以通常用 time(NULL) 函数来设置随机数种子,即 srand(time(NULL))

需要说明的是,time(NULL)来自于库函数 time.h,而 rand()及 srand()是由 stdlib.h 提供的,因此在程序开头需要添加:

```
#include <stdlib.h>
#include <time.h>
```

 程序示例2

```
//文件名: m1p2t4-ep2.cpp
#include <stdio.h>
#include <stdlib.h>
#include <time.h>
void main()
{
int a,b;
    srand(time(NULL));
    a=rand()%100;        //产生 0~99 的随机数
    b=rand()%10;         //产生 0~9 的随机数
    printf("产生的两个不相等的随机数是: %d 和%d\n",a,b);
}
```

连续两次运行程序后的结果如下(每次的结果都会不同):

 小技巧

```
a= rand() % 10 + 1;                //产生一个 1~10 的正整数
a= rand() % 100 + 1;               //产生一个 1~100 的正整数
a= rand() % 100 + 10;              //产生一个 10~100 的正整数
b=(float)((rand()%100) / 100.0);   //产生一个 0.00 ~0.99 的小数
```

 **阶段检测1**

(1) 按下列要求产生随机数,请写出函数调用语句或赋值语句。

① 产生一个 10~20 的正整数放于变量 x 中;

② 产生一个 10~50 的正整数放于变量 x 中;

③ 产生一个 32~126 的正整数放于变量 x 中。

（2）连线：找一找系统函数所需的头文件。

A. time()　　　　　　　　　（1）stdio. h

B. scanf()

C. putchar()　　　　　　　（2）stdlib. h

D. rand()

E. getchar()　　　　　　　（3）time. h

F. printf()

 任务解决方案

注： 以游戏 A 为例。

步骤1：拟定方案

由于 rand() 只能随机产生整数或小数,依据任务要求,若要直接产生两个正整数是没有问题的,若要产生＋、－、＊、/四个符号中的一个,我们会想到用 ASCII 值来对应四种运算符,但由于＋、－、＊、/的 ASCII 值并不连续,所以直接产生比较困难,故采用一种折中办法,即先随机产生一个 1~4 的正整数,然后由四个数分别对应＋、－、＊、/四种运算符,从而间接实现随机产生一个运算符的想法。

程序设计步骤如下。

（1）随机生成两个数 a 和 b(a、b 的范围为 1~100);

（2）随机产生 1~4(分别对应＋、－、＊、/)中的一个,放入 opr,并计算两个数的运算结果 jg_bz;

（3）显示 a　?　　b　=　　jg_bz;

（4）用户输入运算符 opr_yh;

（5）计算 a　opr_yh　b 的结果 jg_yh,并将 jg_yh 与 jg_bz 进行比较,相等则正确,不相等则错误,输出判断结论。

步骤2：确定方法

（1）确定数据存储形式

序号	变量名	类型	作　　用	初值	输入或输出格式
1	a	int	存放第一个数	—	printf("%d　?　　%d　=　　%d\n",a,b,jg_bz);
2	b	int	存放第二个数	—	
3	jg_bz	int	存放正确的运算结果	—	
4	opr	int	存放运算符对应的编号	—	

序号	变量名	类型	作　用	初值	输入或输出格式
5	opr_yh	char	存放用户输入的运算符（即答案）	—	ans＝getchar()；或 scanf("％c", &ans)
6	jg_yh	int	存放依据用户输入的运算符得到的运算结果	—	

（2）画出程序流程图

程序流程图如图 1-33 所示。

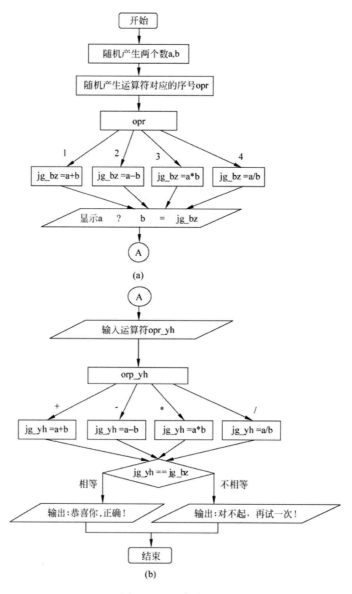

图 1-33　程序流程图

步骤3：代码设计

（1）编写程序代码

```cpp
//文件名：m1p2t4-A.cpp
//功能：九章算术游戏
#include <stdio.h>
#include <stdlib.h>
#include <time.h>
void main()
{
    int a,b,jg_bz,jg_yh;
    int opr;
    char opr_yh;
    srand(time(NULL));              //产生随机函数的种子
    a=rand()%91+1;                  //产生1~100的随机数
    b=rand()%91+1;
    opr=rand()%4+1;                 //产生1~4的随机数
    switch(opr)
    {
        case 1:jg_bz=a+b;break;
        case 2: jg_bz =a-b;break;
        case 3: jg_bz =a*b;break;
        case 4: jg_bz =a/b;break;
    }
    printf("%d    ?    %d    =    %d\n",a,b, jg_bz);
    printf("你的答案是(+、-、*、/):");
    scanf("%c",&opr_yh);
    switch (opr_yh)
    {
        case '+':jg_yh=a+b;break;
        case '-': jg_yh =a-b;break;
        case '*': jg_yh =a*b;break;
        case '/': jg_yh =a/b;break;
    }
    if (jg_yh == jg_bz)
        printf("恭喜你,正确!\n");
    else
        printf("对不起,再试一次!\n");
}
```

（2）设置测试数据

无测试数据。

步骤4：调试运行

程序的运行结果为：

阶段检测2

仿照游戏 A 的设计方案，完成游戏 B 的程序设计。

学 习 检 测

1. 在下列程序段中根据所给要求填上 scanf()语句

（1）程序 1

```
#include <stdio.h>
void main()
{
    int a, b, c;
   //输入格式为：20;3456;319↙

    printf("a=%8d,b=%4d,c=%10ld",a,b,c);
}
```

（2）程序 2

```
void main()
{    float a,b;
     //输入格式为：123.46,56.321↙
     printf("%f,%10f",a,b);
}
```

2. 阅读程序，回答问题

（1）用下面的程序可否实现求两个数中的大者？

```
#include <stdio.h>
void main()
{
    int a,b,max;
    scanf("%d,%d",&a,&b);
    max=a
    if( a<b )
        max=b;
    printf("the max is：%d",max);
}
```

（2）以下程序的功能是什么？若去掉四个 break;呢？

```
#include <stdio.h>
void main()
{    int s;
     printf("input 1~4: ");
     scanf("%d",&s);
     switch  (s)
{    case   1:printf("A ");   break;
     case   2:printf("B");    break;
```

```
        case    3:printf("C");    break;
        case    4:printf("D");    break;
        default: printf("error\n");
    }
}
```

（3）以下程序的运行结果是什么？

```
#include <stdio.h>
void main()
{   int a,b,c,d,x;
    a=c=0;
    b=1;
    d=25;
    if(a)d=d-10;
    else if(!b)
      if(!c)x=15;
      else x=25;
    printf("the result is:%d\n",d);
}
```

3. 编程实现

（1）从键盘任意输入一个 5 位以下（含 5 位）的正整数，输出显示它是几位数。

*（2）按照现行《个人所得税法》，我国个税实行分类征收。目前个人所得税的税目分为工资、薪金所得；个体工商户的生产、经营所得等 11 类，分别对应不同的税率和费用扣除额（免征额）。2015 年国家已将最新个税起征点提高到了 3500 元。请上网了解相关信息，并尝试设计一个程序计算某类人员的个人应缴税额等。

模块 2

程序设计之数据处理

数据统计

学 习 导 表

任务名称	知 识 点	学 习 目 标
任务1 序列数的生成	◇ 循环结构； ◇ for 语句； ◇ 自增/减运算符； ◇ 逗号表达式	循环结构是结构化程序设计中的重要内容,for 语句、while 语句和 do-while 语句是实现循环结构程序设计的三大语句,因此,本课题的学习目标是: 　　1. 理解循环结构及其作用; 　　2. 清楚知道 for 语句、while 语句和 do-while 语句的基本用法;
任务2 求极值（最大、最小）	◇ while 语句； ◇ 复合赋值运算符	3. 理解 for 语句、while 语句和 do-while 语句的执行过程与特点;
任务3 简单数据统计	do-while 语句	4. 能灵活运用 for 语句、while 语句和 do-while 语句进行循环结构的程序设计;
任务4 满足条件的数据统计	for 语句、while 语句、do-while 语句比较	5. 理解逗号表达式、自增/减运算符、复合赋值运算符的使用

任务 1 序列数的生成

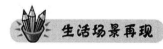
生活场景再现

　　日常生活中,我们常常会发现某些数据的排列具有一定的规律性,这些数据可以称为序列数,如图 2-1 所示的月份、红绿灯的秒数显示、电影院的座位号。另外,在一些趣味故事中也出现了有规律的数据,如"棋盘麦粒"中出现的 1,2,4,8,…"兔子生子"中出现的 1,

$$1,2,3,5,8,\cdots$$

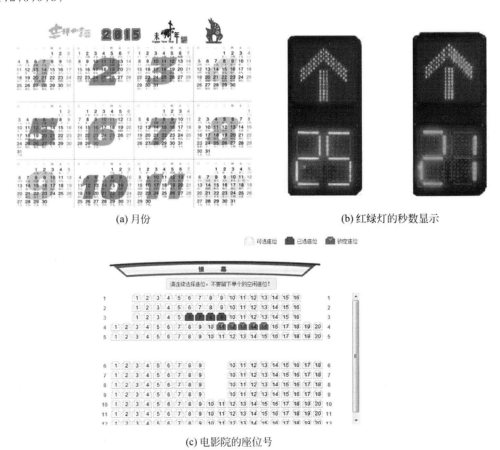

(a) 月份   (b) 红绿灯的秒数显示

(c) 电影院的座位号

图 2-1　生活中的序列数

　　李伟是一个数学迷,他研究了这些数据后发现,如果一组数据从第二项起,每一项与它的前一项的差等于同一个常数,这组数据就叫作等差数列,这个常数叫公差;如果一组数据从第二项起,每一项与它的前一项的比值等于同一个常数,这个数列就叫做等比数列,这个常数叫公比;还有一些数据有着自己特殊的规律。他想根据不同的规律写出这些数据。

　　现在请你想一下,像这种有规律的数据是怎样实现的呢?

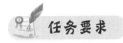

　　依据"生活场景再现"中展示的内容,请设计一个 C 程序,实现自动生成序列数。要求:根据不同的规律实现相应的序列数。

　　(1) 等差数列。

　　(2) 等比数列。

　　(3) 特殊规律的序列数。

 **任务分析**

任务 A(等差数列)：从键盘上输入序列数的初始值、结束值和公差,使用循环结构自动生成并输出一个序列数。

任务 B(等比数列)：从键盘上输入序列数的初始值、结束值和公比,使用循环结构自动生成并输出一个序列数。

任务 C(特殊规律)：设置好序列数的初始值,根据规律使用循环结构自动生成并输出一个序列数。(提示：可以实现 Fibonacci 数列的前 12 项)

观察思考1

(1) 请观察图 2-1(a)中十二个月份的规律,并按要求填写。

初始月份：_____ 结束月份：_____

月份变化规律：_____

(2) 请阅读"棋盘麦粒"这个故事,找出每一格中的麦粒数,并按要求填写。

在印度有一个古老的传说：舍罕王准备奖赏国际象棋的发明人——宰相西萨·班·达依尔。国王问他想要什么,他回答道："陛下,请您在棋盘的第 1 个格子里,赏给我 1 粒麦子,第 2 个格子里给 2 粒,第 3 个格子里给 4 粒,以后每一格子都比前一格子多一倍。请您把这些摆满棋盘上 64 格的麦粒,都赏给您的仆人吧!"国王想这个要求太容易满足了,就命令把这些麦粒给他。可是,当人们把一袋一袋的麦子搬来开始计数时,国王才发现：就算把全印度甚至全世界的麦粒都拿过来,也满足不了那位宰相的要求。

第 1 格中的麦粒：_____ 第 64 格中的麦粒：_____

麦粒变化规律：_____

(3) 请阅读"兔子生子"这个故事,将表 2-1 填写完整,并找出兔子对数的变化规律。

意大利数学家斐波那契(Fibonacci)在他撰写的《算盘书》中提出了一个有趣的兔子问题：一般而言,兔子在出生两个月后,就有繁殖能力,一对兔子每个月能生出一对小兔子来。如果所有兔子都不死,那么一年以后可以繁殖多少对兔子?

我们将一个月大的兔子看作小兔子,两个月大的兔子看作中兔子,三个月大的兔子看作老兔子,则兔子对数的变化见表 2-1。

表 2-1 兔子对数表

月数	1月	2月	3月	4月	5月	6月	7月	8月	9月	10月	11月	12月
小兔子对数	1	0	1	1	2							
中兔子对数	0	1	0	1	1							
老兔子对数	0	0	1	1	2							
兔子对数	1	1	2	3	5							

每个月兔子对数的变化规律：_____

每个月兔子对数所构成的数列称为"斐波那契数列"（Fibonacci数列）。

观察以上各组序列数我们可以发现，只要知道了序列数的开始值、结束值以及变化规律，我们就可以自动生成一组序列数了。

 知识准备1　循环结构的实现

循环结构是结构化程序三大基本结构之一，用来处理重复性、规律性的问题，所以循环结构又称为重复结构。

循环结构，指的是当给定的条件成立时，反复执行某个程序段，直到条件不成立时为止。给定的条件称为循环条件，反复执行的程序段称为循环体。

循环结构分为以下两类。

1. 当型循环结构

如图2-2所示，先判断给定的条件P是否成立，若P成立，则执行A（循环体）；再判断条件P是否成立；若P成立，则又执行A，如此反复，直到P不成立，循环结束。

2. 直到型循环结构

如图2-3所示，先执行A（循环体），再判断给定的条件P是否成立，若P成立，则又执行A，如此反复，直到P不成立，循环结束。

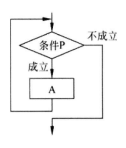 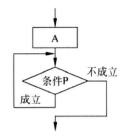

图2-2　当型循环结构　　　　图2-3　直到型循环结构

C语言提供了四种实现循环的语句，即goto语句、for语句、while语句和do-while语句，其中，goto语句不提倡使用，因为强制改变程序的顺序容易给程序的运行带来不可预料的错误。本书主要介绍后三种语句。

阶段检测1

（1）当型循环结构先要判断_____，再执行_____。

（2）当型循环结构的循环至少执行_____次。

（3）直到型循环结构先要执行_____，再判断_____。

（4）直到型循环结构的循环至少执行_____次。

 观察思考2

阅读程序，回答问题。

```cpp
//文件名：m2p1t1-ex2-1.cpp
#include <stdio.h>
void main( )
{   int i;
    i=1;
    printf("%d",i);
}
```

（1）该程序的功能是什么？

（2）如果还要依次输出 2,3,4,…,100,该如何实现？

 知识准备2 for语句的使用方法

for 语句是程序设计语言中用于进行循环设计的控制语句之一,循环控制语句更好地实现了程序的自动执行,它将需要重复执行相同语句的部分与循环判断结合在一起,不仅简化了程序代码,也让程序更加易懂。

1. for 语句的一般形式

for(表达式1;表达式2;表达式3)
　语句

其中,表达式 2 一般用来设置循环条件,语句部分就是循环体,如果是多条语句,则需要用花括号{}将其括出来。

2. for 语句的执行过程

如图 2-4 所示,for 语句的执行过程如下:

（1）计算表达式 1 的值;

（2）计算表达式 2 的值,若其值为非 0（逻辑"真",表示条件成立）,则转到第（3）步执行循环体中的语句;若其值为 0（逻辑"假",表示条件不成立）,则转到第（5）步结束循环;

（3）执行循环体中的语句;

（4）计算表达式 3 的值,然后转到第（2）步继续执行;

（5）结束循环,执行 for 循环之后的第 1 条语句。

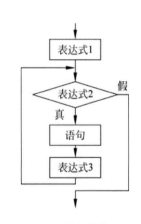

图 2-4　for 语句的执行过程

3. for 语句的执行特点

从以上执行过程可以看出,根据计算"表达式 2"的值来判断循环体中的语句是否要执行,因此,for 语句的执行特点是先判断("表达式 2"的值是否为真),后执行(循环体语句),属于当型循环结构。

4. for 语句的应用形式

for 语句最主要的应用形式,也就是最易理解的形式,即

```
for(循环控制变量赋初值；循环条件；循环控制变量更新)
    语句
```

从中可以得出结论,"表达式 1"用来设置循环控制变量的初始值；"表达式 2"用来设置循环条件,在这里体现出循环控制变量的结束值；"表达式 3"用来设置循环控制变量的变化规律,使循环控制变量从初始值开始,按规律不断更新趋向于结束值,从而使循环在有限的次数内结束。

如果循环无休止地进行,则称为"死循环",这是在编写循环结构程序时要注意避免的。

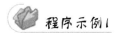 **程序示例1**

```
//文件名：m2p1t1-ep1.cpp
#include <stdio.h>
void main( )
{   int i;
    for(i=1;i<=10;i=i+1)
        printf("%d",i);
}
```

程序分析：循环控制变量 i 的初值为 1,每次变化规律为加 1,当 i 的值为 10,最后一次执行循环体,再计算"表达式 3"的值,则 i 的值为 11,不再满足循环条件 i<=10,退出循环结构。所以循环结束后,循环控制变量 i 的值为 11,循环一共执行了 10 次,每次将 i 的值输出,则本程序的运行结果是：12345678910。

小技巧

以上程序的运行结果将 i 的值连续输出,不利于用户理解,可采取格式控制将 i 的值间隔开,如"%d\n",则每个 i 的值在一行上显示,再如"%3d"、"%d\t"等。

5. for 语句的灵活性

C 语言在 for 语句的运用上给程序设计人员提供了极大的灵活度,主要表现在以下几方面。

（1）表达式 1、2、3 均可以省略,但分号不可以省略；

① 省略表达式1

此时应在 for 语句之前给循环控制变量赋初值,例如:

```
i=1;
for( ;i<=10;i=i+1)
printf("%d",i);
```

for 语句执行时,跳过"计算表达式1的值"这一步,其他步骤不变。

② 省略表达式2

此时不存在循环条件,则认为表达式2永远为真,循环无休止地进行,形成死循环,所以应在循环体中加入条件判断语句来判断是否要结束循环,例如:

```
for(i=1; ;i=i+1)
{   printf("%d",i);
    if(i>10)   break;
}
```

其中,break 语句的作用是结束循环。

③ 省略表达式3

此时循环控制变量不发生变化,就永远不会趋向于循环条件的结束值,同样会形成死循环,应在 for 语句的循环体内加入改变循环控制变量值的语句,例如:

```
for(i=1;i<=10; )
{   printf("%d",i);
    i=i+1;
}
```

以上是 for 语句的三个表达式分别省略的情况,当然三个表达式还可以省略两个,甚至三个,但不管省略几个表达式,小括号中的两个分号不能省略。一般情况下,不建议省略表达式2,因为此时不判断循环条件,认为循环条件永远为真,形成死循环,需要在循环体中使用 if 语句和 break 语句来退出循环结构。

(2) for 语句的表达式2一般是关系表达式或逻辑表达式,也可以是数值或字符表达式,只要其值能够以非0或0来区别即可。

(3) 表达式1、3可以是逗号表达式。

 **阶段检测2**

(1) 执行语句"for(i=0;i<3;i=i+1) printf("%d",i);"时,表达式1"i=0"执行_____次,表达式2"i<3"执行_____次,表达式3"i=i+1"执行_____次,语句"printf("%d",i);"执行_____次。

(2) 单项选择题

① 对 for(表达式1; ;表达式3)可理解为(　　　)。

　　A. for(表达式1;表达式1;表达式3)

　　B. for(表达式1;表达式3;表达式3)

    C. for(表达式 1；0；表达式 3)

    D. for(表达式 1；1；表达式 3)

② 下面有关 for 循环的描述中,正确的是(　　)。

    A. for 循环只能用于循环次数已经确定的情况

    B. for 循环是先执行循环体语句,后判定表达式

    C. 在 for 循环中,不能用 break 语句跳出循环体

    D. for 循环体语句,可以包含多条语句,但要用花括号括起来

③ 以下 for 循环能在有限次数内结束的是(　　)。

    A. for(i=0;i=i+2)语句

    B. for(i=10;i>=10;i=i+1)语句

    C. for(i=0;i<100;i=i+5)语句

    D. for(i=0;i<100;)语句

(3) 请找出下列程序存在的错误,标注出来并在右边修改,最后写出程序的运行结果。

① 程序 1

```
//文件名: m2p1t1-test2-3-1.cpp
//功能: 计算 1+2+3+…+10 的值
1    #include <stdio.h>
2    void main( )
3    {   int i,sum;
4        for(i=1,i<=10,i=i+1)
5          sum=sum+i;
6        printf("sum=%d\n",sum)
7    }
```

运行结果: _____

② 程序 2

```
//文件名: m2p1t1-test2-3-2.cpp
//功能: 输出 0~10 的偶数
1    #include <stdio.h>
2    void main( )
3    {   int i;
4        printf("0~10 的偶数有: \n");
5        for(i=0;i<=10)
6        {   i=i+2
7            printf("%d\n",i);
8        }
9    }
```

运行结果: _____

（4）写出下面程序的运行结果。

① 程序1

```
//文件名：m2p1t1-test2-4-1.cpp
#include <stdio.h>
void main( )
{   float fac;
    int i,n;
    fac=1;
    printf("请输入一个正整数：");
    scanf("%d",&n);
    for(i=1;i<=n;i=i+1)
      fac=fac*i;
    printf("%d!=%.0f\n",n,fac);
}
```

若输入5,则运行结果：_____

② 程序2

```
//文件名：m2p1t1-test2-4-2.cpp
#include <stdio.h>
void main( )
{   int i;
    printf("30以内能被5整除的正整数有：");
    for(i=5;i<=30;i=i+5)
      printf("%4d",i);
}
```

运行结果：_____

（5）指出下面程序中表达式1和表达式3在哪里体现,并写出程序的运行结果。

```
//文件名：m2p1t1-test2-5.cpp
#include <stdio.h>
void main( )
{   int i=1,sum=0;
    for(   ;i<=10;   )
    {   sum=sum+i;
        i=i+1;
    }
    printf("sum=%d\n",sum);
}
```

运行结果：_____

 知识准备3   逗号运算符和逗号表达式

逗号表达式就是用逗号运算符","将各个表达式连接起来的式子。

1. 逗号表达式的一般形式

表达式 1，表达式 2，…，表达式 n

2. 逗号表达式的求解过程

从左向右，先计算表达式 1，再计算表达式 2，依次计算直至表达式 n，逗号表达式的值就是表达式 n 的值。

例如，逗号表达式"a＝2＊3，a＊4"的值为 24；先计算 a＝2＊3，得到 a＝6，再求 a＊4＝24，所以逗号表达式的值为 24。

再如，逗号表达式"(a＝2＊3，a＊4)，a＋5 的值为 11；先计算 a＝2＊3，得到 a＝6，再求 a＊4＝24，最后计算 a＋5＝11，所以逗号表达式的值为 11。注意在计算 a＋5 时，a 的值仍为 6，并不是 24。

在 C 语言中，逗号运算符的优先级是所有运算符中最低的一个，由其组成的逗号表达式一般用在 for 语句中，其作用相当于一次对多个表达式进行运算，但要注意逗号表达式也有值，其值即为最后一个表达式的值。

 程序示例2

```
//文件名：m2p1t1-ep2.cpp
# include <stdio.h>
void main( )
{    int i,sum;
     for(sum=0,i=1;i<=10;sum=sum+i,i=i+1);
     printf("sum=%d\n",sum);
}
```

程序分析：表达式 1、3 均采用了逗号表达式，循环体是空语句。

 小技巧

空语句往往跟循环结构一起使用，起到延时的作用。

 阶段检测3

(1) 说出"x＝1，y＝2;"和"x＝1;y＝2;"两者的不同。

(2) 按要求求值：

① x＝(i＝4,j＝16,k＝32)中 x 的值为_____；

② a＝3＊4，a＊5，a＋9 的值为_____；

③ a＝1，a＋5，a＋＋的值为_____。

(3) 写出下面程序的运行结果。

```
//文件名：m2p1t1-test4-3.cpp
# include <stdio.h>
```

```
void main( )
{    int i,s;
     for(s=0,i=1;i<10;s=s+i,i=i+2);
     printf("s=%3d",s);
}
```

运行结果：_____

 知识准备4 自增与自减运算符

自增（++）与自减（——）运算符是特殊的算术运算符，作用是分别使单个变量的值增1或减1，可以放在变量之前或之后。若放在变量之前，则先使变量的值增（或减）1，再用变化后的值参与其他运算，即先自增（减）、后运算；若放在变量之后，则变量先参与其他运算，再将变量的值增（或减）1，即先运算、后自增（减），具体使用方法见表2-2。

表2-2 自增与自减运算符

运算符	类别	功能	一般用法示例	拓展用法示例	结合性	优先级
++	单目算术运算符	让变量的值增1	i++ ++i	m=i++;等价于m=i; i=i+1; n=++i;等价于i=i+1;n=i;	右结合	高于其他算术运算符，同单目运算符
——		让变量的值减1	i—— ——i	m=i——;等价于m=i; i=i−1; n=——i;等价于i=i−1; n=i;		

表2-2中已知"int i=5;"，若执行"m=i++;"，则 m=5,i=6；若执行"n=++i;"，则 n=6,i=6；若执行"m=i——;"，则 m=5,i=4；若执行"m=——i;"，则 n=4,i=4。

说明：

（1）自增与自减运算符只能用于变量，不能用于常量或表达式，像5++、——6这些都是错误的表达式。

（2）初学者在使用自增与自减运算符时容易出错，书写时要采用大家都能理解的写法，如果出现在复杂的表达式或语句中，要仔细分析，但不必过于深究。

 小技巧

自增与自减运算符常常用于循环结构中，使循环控制变量的值增（或减）1，还常用于指针变量中，使指针向下（或上）移动一个地址。

 **阶段检测4**

（1）已知"int i=3;"，若执行"x=i——;"，则 x=_____,i=_____；若执行"x=++i;"则 x=_____,i=_____。

（2）若"int i;"，则以下 for 语句的循环执行次数是（   ）。

```
for(i=5;i>=0; )
  printf("%d",i--);
```

  A. 5 次　　　　　　　　　　　　B. 6 次

  C. 0 次　　　　　　　　　　　　D. 无限次

（3）以下程序的运行结果是（　　　）。

```
//文件名:m2p1t1-test4-3.cpp
#include <stdio.h>
void main( )
{   int i,s;
    for(i=1;i<6;s++)
      s=s+i;
    printf("%d",s);
}
```

  A. 15　　　　　　　　　　　　B. 21

  C. 死循环　　　　　　　　　　D. 未知值

 任务解决方案

步骤 1：拟定方案

任务 A：

（1）输入初始值、结束值和公差；

（2）设置循环控制变量的初始值、结束值和变化规律——for 语句的三个表达式；

（3）自动生成并输出序列数——for 语句的循环体。

任务 C：

（1）设置序列数的初始值；

（2）设置循环控制变量的初始值、结束值和变化规律——for 语句的三个表达式；

（3）自动生成并输出序列数——for 语句的循环体。

步骤 2：确定方法

任务 A：

（1）定义数据变量。

序号	变量名	类型	作　　用	初值	输入或输出格式
1	s1	int	存放序列数的初始值	—	scanf("%d",&s1);
2	s2	int	存放序列数的结束值	—	scanf("%d",&s2);
3	s3	int	存放序列数的公差	—	scanf("%d",&s3);
4	i	int	存放每一个序列数，并担任循环控制变量	s1	printf("%d",i);

（2）画出程序流程图（图 2-5）。

任务 C：

（1）定义数据变量。

序号	变量名	类型	作　　用	初值	输入或输出格式
1	f1	int	存放 Fibonacci 数列的值	1	printf("%d",f1)；
2	f2	int	存放 Fibonacci 数列的值	1	printf("%d",f2)；
3	i	int	担任循环控制变量	1	—

（2）画出程序流程图（图 2-6）。

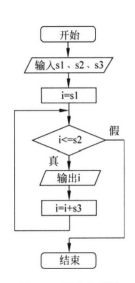

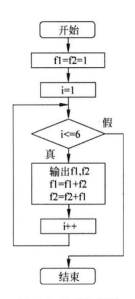

图 2-5　程序流程图　　　　图 2-6　程序流程图

步骤 3：代码设计

任务 A：

① 编写程序代码

```cpp
//文件名：m2p1t1-A.cpp
#include <stdio.h>
void main( )
{   int s1,s2,s3,i;
    printf("请依次输入初始值、结束值和公差(用逗号分隔)：");
    scanf("%d,%d,%d",&s1, &s2, &s3);
    printf("序列数依次是：");
    for(i=s1;i<=s2;i=i+s3)
        printf("%d ",i);
    printf("\n");
}
```

实现任务 B 的等比数列时,for 语句的表达式应修改为 i=i * s3;另外,若生成的序列数较大时,要根据实现情况修改数据类型。

② 设置测试数据

第一组:
1,12,1 ✓
第二组:
0,100,5 ✓
第三组:
10,20,2 ✓

实现任务 B 的等比数列时,若初始值为 0 或公比为 1,会发生什么现象?

任务 C:

① 编写程序代码

```cpp
//文件名:m2p1t1-C.cpp
#include <stdio.h>
void main( )
{   int f1,f2,i;
    f1=f2=1;
    printf("Fibonacci 数列的前 12 项是:\n");
    for(i=1;i<=6;i++)
    {   printf("%6d%6d ",f1,f2);
        if(i%2==0)      printf("\n");
      f1=f1+f2;
      f2=f2+f1;
    }
}
```

② 设置测试数据
无测试数据。

步骤 4:调试运行
程序的运行结果如下。

任务 A 第一组:

任务 C:

知识拓展

for 语句的表达式 1 和表达式 3 通常是与循环控制变量相关的表达式,但也可以是与循环控制变量无关的其他表达式。

例如,for(sum=0,i=1;i<=10;sum+=i,i++);这样程序可以短小简洁。但过分地利用这一特点会使 for 语句显得杂乱,可读性降低,建议在编写程序时,不要把与循环控制无关的内容放到 for 语句的表达式中。

阶段检测5

(1) 输出等比数列:1,2,4,8,…,1024。
(2) 根据用户设置自动生成一个等比数列。
(3) 输出自然数 1~20 的平方数列。

任务 2　求极值(最大、最小)

生活场景再现

"比较"在我们生活中司空见惯,买同样的东西大家会想要最便宜的,每年高考后必然会出现"高考状元",体育竞技场上的第一名肯定是最快、最高、最强的……正是有了"比较",人们才能找到最好的资源。

张俊最近看中了一款手机,他跑了几家实体店,也浏览了各大销售网站,了解了该款手机的价格,并将价格在 Excel 中罗列了一下,如图 2-7 所示,他想从中找到最便宜的一家。请你根据各家的报价帮他找出最低价格,你会怎么做呢?

苹果iPhone 6 Plus 16GB(移动4G)	
店铺	报价
ZOL商城	5299
京东商城	5368
1号店	4988
移动第一营业厅	5388
银河数码	5320
手机商城	4256
五爱数码	5783
秋叶原数码	5500

任务要求

依据"生活场景再现"中展示的内容,请设计一个 C 程序,实现从多个给定数中找出其中的最大值或最小值。

图 2-7　手机报价表

任务分析

从键盘上输入给定的多个数,假设输入的第一个数为最大值/最小值,以后每输入一个数据就进行一次比较,最后找出其中的最大数。

观察思考

阅读程序,回答问题。

```cpp
//文件名: m2p1t2-ex1.cpp
#include <stdio.h>
void main( )
{
    int a,b,max;
    printf("请输入两个整数(用逗号隔开): ");
    scanf("%d,%d",&a,&b);
    if(a>b)
      max=a;
    else
      max=b;
    printf("max=%d\n",max);
}
```

(1) 该程序的功能是什么?

(2) 如果还要再输入十个整数来进行比较,该如何实现?

 知识准备1 while 语句的使用方法

1. while 语句的一般形式

while(表达式)
  语句;

其中,表达式一般用来设置循环条件,语句部分就是循环体,如果是多条语句,则需要用花括号{}将其括起来。为了便于理解,可以读作"当表达式(循环条件)为真(成立),循环执行语句(循环体)"。

2. while 语句的执行过程

如图 2-8 所示,while 语句的执行过程如下:

(1) 计算 while 后面表达式的值,若其值为非 0(逻辑"真",表示条件成立),转到第(2)步;若为 0(逻辑"假",表示条件不成立),则转到第(3)步;

(2) 执行循环体中的语句,结束后返回第(1)步;

(3) 退出循环结构,执行 while 循环之后的第 1 条语句。

3. while 语句的执行特点

根据执行过程,while 语句的执行是先判断(表达

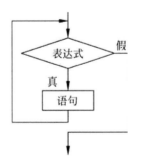

图 2-8 while 语句的执行过程

式的值是否为真），后执行（循环语句），也属于当型循环结构。

 **程序示例**

```
//文件名：m2p1t2-ep1.cpp
#include <stdio.h>
void main( )
{   int i=1,sum=0;
    while(i<=10)
    {   sum=sum+i;
        i++;
    }
    printf("1+2+3+…+10=%d\n",sum);
}
```

程序分析：循环由变量 i 控制，初值为 1，当 i<=10 时满足条件，进入循环体的执行，将 i 的值加到变量 sum 中，i 再增加 1；当 i>10 时不满足条件，结束循环。所以循环总共执行了 10 次，结果为 1+2+3+…+10=55。

 小技巧

程序"m2p1t2-ep1.cpp"中体现的是"累加"的算法思想，注意：存放结果的变量 sum 的初值赋为 0，这是因为 0 加任何数才不会改变结果，若不赋值，则 sum 中的值是无法预估的，必然会导致结果出错。

4. while 语句使用时的注意事项

（1）循环体如果包含一条以上的语句，必须用花括号括起来，以复合语句的形式出现。如果不加花括号，则 while 语句的范围只到 while 后面第一个分号处。如上面的程序 while 语句中无花括号，则 while 语句范围只到"sum=sum+i;"。

（2）在循环体中应有使循环趋向于结束的语句。如程序"m2p1t2-ep1.cpp"中，循环到 i>10 结束，在循环体中用"i++;"语句来修改循环控制变量的值，使其不断自增，直到 i>10。

 **阶段检测I**

1. 单项选择题

（1）设有以下程序段，下面描述正确的是（　　）。

```
int k=10;
while(k=1)k=k-1;
```

　　A. while 循环执行 10 次　　　　B. 循环是无限循环
　　C. 循环体语句一次也不执行　　D. 循环体执行一次

（2）设有以下程序段，则下面描述正确的是（　　　）。

```
int k=10;
while(k==1)k=k-1;
```

  A. while 循环执行 10 次   B. 循环是无限循环

  C. 循环体语句一次也不执行 D. 循环体执行一次

（3）以下程序的运行结果是（　　　）。

```
//文件名：m2p1t2-test1-1-3.cpp
#include <stdio.h>
void main()
{   int y=5;
    while(y--)  ;
    printf("y=%d\n",y);
}
```

  A. y=0   B. while 构成死循环

  C. y=1   D. y=-1

2. 写出下面程序的运行结果

（1）程序 1

```
//文件名：m2p1t2-test1-2-1.cpp
#include <stdio.h>
void main()
{   int num=1;
    while (num<=3)
    {   printf("%d\n",num);
        num++;
    }
}
```

运行结果：_____

（2）程序 2

```
//文件名：m2p1t2-test1-2-2.cpp
#include <stdio.h>
void main()
{   int a,s,n,count;
    a=2;s=0;n=1;count=1;
    while(count<=5)
    {   n=n*a;
        s=s+n;
        ++count;
    }
    printf("s=%d",s);
}
```

运行结果：_____

知识准备2　复合赋值运算符和复合赋值表达式

在赋值运算符"＝"之前加上其他双目运算符可以构成复合赋值运算符,它是C语言中特有的一种运算,其一般形式为:

变量双目运算符＝ 表达式
等价于:
变量 ＝ 变量双目运算符(表达式)

C语言规定的10种复合赋值运算符分为复合算术赋值运算符(＋＝、－＝、＊＝、/＝、％＝)和复合位赋值运算符(&＝、|＝、^＝、>>＝、<<＝)两大类。

下面重点介绍复合算术赋值运算符,其使用方法见表2-3。

表 2-3　复合算术赋值运算符

运算符	类别	一般用法示例	等价形式	结合性	优先级	变量的值 (int m＝10,a＝20;)
＋＝	双目赋值运算符	m＋＝a;	m＝m＋a;	右结合	与赋值运算符相同	m＝30,a＝20
－＝		m－＝a;	m＝m－a;			m＝－10,a＝20
＊＝		m＊＝a;	m＝m＊a;			m＝200,a＝20
/＝		m/＝a;	m＝m/a;			m＝0,a＝20
％＝		m％＝a;	m＝m％a;			m＝10,a＝20

说明:

m＋＝5　　／＊等价于 m＝m＋5 ＊／
m＊＝a＋6　／＊等价于 m＝m＊(a＋6),而不是 m＝m＊a＋6 ＊／

 阶段检测2

(1) 已知"int a＝3,b＝5,m＝8,n＝10;",分别求下列表达式的值。
① a＋＝b　　② b－＝a　　③ m＊＝a　　④ n/＝m
(2) 已知"int a＝3,b＝5,m＝8,n＝10;",分别求以下语句执行后各变量的值。
① a＋＝b;　　② b－＝a;　　③ m＊＝a;　　④ n/＝m;

 任务解决方案

步骤1:拟定方案(以最大值为例)

(1) 输入数据个数 N 和第一个数 num,并假设第一个数为最大值 max;
(2) 输入下一个数并比较,重复 N－1 次;
① 输入:下一个数 num。

② 比较：

若 num＞max

则 max＝num

（3）输出最大值 max。

步骤 2：确定方法

（1）定义数据变量

序号	变量名	类型	作　　用	初值	输入或输出格式
1	N	int	存放总数目	—	scanf("%d",&N)；
2	max	int	存放最大值	—	printf("%d",max)；
3	i	int	担任循环控制变量	1	—
4	num	int	存放要比较的数值	—	scanf("%d",&num)；

（2）画出程序流程图

程序流程图如图 2-9 所示。

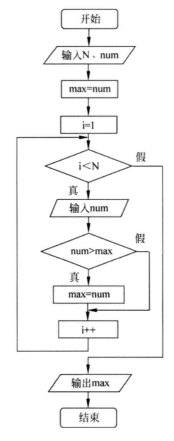

图 2-9　程序流程图

步骤 3：代码设计

（1）编写程序代码

```
//文件名：m2p1t2.cpp
//实现给定多个数,找出其中的最大值
# include <stdio.h>
void main( )
{   int N,max,num,i;
printf("请输入你要给定数据的个数： ");
    scanf("%d",&N);
    printf("请输入第一个数： ");
    scanf("%d",&num);
max=num;
    i=1;
while(i<N)
    {   printf("请输入下一个数： ");
        scanf("%d",&num);
        if(num>max)
           max=num;
        i++;
    }
    printf("这些数中的最大值是：%d。\n",max);
}
```

（2）设置测试数据

第一组：
5 ✓ 1008 ✓ 1099 ✓ 1108 ✓ 1088 ✓ 1068 ✓
第二组：
8 ✓ 43 ✓ 57 ✓ 35 ✓ 40 ✓ 60 ✓ 7 ✓ 59 ✓ 42 ✓
第三组：
10 ✓ 6 ✓ 34 ✓ -8 ✓ 9 ✓ 63 ✓ 95 ✓ 754 ✓ 167 ✓ −53 ✓ 69 ✓

步骤 4：调试运行

程序的运行结果（第一组）为：

 **阶段检测3**

（1）实现从给定的多个数中找出其中的最小值。

（2）从键盘输入若干个整数，以－1结束输入（－1不计在内），找出其中的最大值和最小值。

任务3　简单数据统计

数据统计是数据处理中非常重要的部分，如图2-10所示的奥运会上各国金、银、铜牌的排行榜，淘宝店铺的评分，成绩表中每位学生的考试总分、各科的平均分，都是通过数据统计得到的，而对一组数据进行求和或求均值是最常见的简单数据统计。

排名	国家/地区	金牌	银牌	铜牌	总数
1	美国	46	29	29	104
2	中国	38	27	23	88
3	英国	29	17	19	65
4	俄罗斯	24	26	32	82
5	韩国	13	8	7	28

(a) 2012年伦敦奥运会奖牌榜

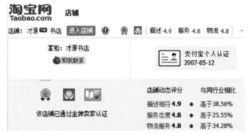

(b) 淘宝店铺的评分

学生成绩表

学号	姓名	语文	数学	英语	政治	计算机基础	总分
1	刘军	89	76	87	76	89	417
2	姚涛	65	88	67	76	68	364
3	吴帆	60	78	68	79	77	362
4	金明军	67	75	73	80	92	387
5	李涛	89	73	80	90	56	388
6	林丹	76	70	84	85	86	401
平均分		74.3	76.7	76.5	81.0	78.0	386.5

(c) 成绩表求总分、平均分

图 2-10　简单数据统计

王慧是校团委书记，本学期团委组织了一场"校园好声音"的比赛，邀请了十位评委，每位选手演唱过后她要统计各位评委的打分，从而得出选手的得分。

现在请你想一下，她该怎么做呢？

任务要求

依据"生活场景再现"中展示的内容,请设计一个 C 程序实现从给定的多个数中求所有数的和或均值。

任务分析

从键盘上输入给定的多个数,将每次输入的数据都累加到变量中,从而得到所有数的和,若要求均值只需将和除以输入的数据个数即可。

知识准备　**do-while 语句的使用方法**

1. do-while 语句的一般形式

```
do
   语句                       //循环体
while(表达式);
```

其中,表达式一般用来设置循环条件,语句部分就是循环体,如果是多条语句,则需要用花括号{}将其括起来。为了便于理解,可以读作"循环执行语句(循环体),直到表达式(循环条件)为假(不成立)"。

2. while 语句的执行过程

如图 2-11 所示,do-while 语句的执行过程如下:

(1) 执行循环体语句,结束后转到第(2)步;

(2) 计算 while 后面的表达式的值,若其值为非 0(逻辑"真",表示条件成立),转到第(1)步;若为 0(逻辑"假",表示条件不成立),则转到第(3)步;

(3)退出循环结构,执行 do-while 循环之后的第 1 条语句。

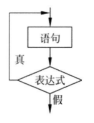

图 2-11　do-while 语句的执行过程

3. do-while 语句的执行特点

根据执行过程,do-while 语句的执行是先执行(循环体语句),后判断(表达式的值是否为真),因此 do-while 至少要执行一次循环体,属于直到型循环结构。

程序示例

```
//文件名: m2p1t3-ep1.cpp
#include <stdio.h>
void main( )
```

```
{   int i=1,sum=0;
do
    {   sum=sum+i;
        i++;
    }while(i<=10);
    printf("1+2+3+…+10=%d\n",sum);
}
```

程序分析：

以上程序的功能与任务 2 中"m2p1t2-ep1.cpp"程序一致,计算"1+2+3+…+10"的值,结果为 1+2+3+…+10=55。

 小技巧

一般情况下,用 while 语句和用 do-while 语句处理同一个问题,若二者的循环体部分是一样的,它们的结果也是一样的,所以二者可以任意互换。但并不是所有的情况都如此,具体见任务 4 中的程序示例。

4. do-while 语句使用时的注意事项

（1）do-while 语句的表达式后面必须加分号;

（2）do 和 while 之间的循环体由多条语句组成时,也必须用花括号{}括起来组成一个复合语句。

阶段检测1

（1）以下能正确计算 1 * 2 * 3 * … * 10 的程序段是(　　　)。

```
A.  do                          B.  do
    {i=1;s=1;                       {i=1;s=0;
        s=s*i;                          s=s*i;
        i++;                            i++;
    }while(i<=10);                  }while(i<=10);

C.  i=1;s=1;                     D.  i=1;s=0;
    do                              do
    {s=s*i;                         {s=s*i;
    i++;                            i++;
    }while(i<=10);                  }while(i<=10);
```

（2）请找出下列程序存在的错误,标注出来并在右边修改,最后写出程序的运行结果。

```
//文件名: m2p1t3-test1-2.cpp
//功能: 统计输入的整数的个数(输入-1时结束,-1不计在内)
1      #include <stdio.h>
2      void main( )
3      {   int num,i=0;
```

```
4      do
5      scanf("%d",num);
6      i++;
7      while(num!=-1)
8        printf("整数的个数是%d。\n",i);
9      }
```

运行结果：＿＿＿＿＿＿＿＿＿＿＿＿＿＿＿＿＿＿＿＿＿＿＿＿＿＿

（3）写出下面程序的运行结果。

① 程序 1

```
//文件名：m2p1t3-test1-3-1.cpp
#include <stdio.h>
void main()
{   int a=10,b=0;
    do
    {   b+=2;
        a-=2+b;
    }while(a>=10);
    printf("a=%d,b=%d\n",a,b);
}
```

运行结果：＿＿＿＿＿＿＿＿＿＿＿＿＿＿＿＿＿＿＿＿＿＿＿＿＿＿

② 程序 2

```
//文件名：m2p1t3-test1-3-2.cpp
#include <stdio.h>
void main()
{   int i=1,a=0,s=1;
    do{   a=a+s*i;
          s=-s;
          i++;
    }while(i<=10);
    printf("%d",a);
}
```

运行结果：＿＿＿＿＿＿＿＿＿＿＿＿＿＿＿＿＿＿＿＿＿＿＿＿＿＿

任务解决方案

步骤1：拟定方案

（1）确定需要输入的数据个数；

（2）不断输入其他数据，并将输入的数据累加到变量中，得到和——do-while 语句、scanf()函数、赋值语句；

（3）求均值；

（4）输出均值。

步骤 2：确定方法

（1）定义数据变量

序号	变量名	类型	作　用	初值	输入或输出格式
1	N	int	存放总数目	—	scanf("％d",&N)；
2	i	int	担任循环控制变量	1	—
3	num	float	存放各个输入的数据	—	scanf("％f",&num)；
4	sum	float	存放和	0	—
5	aver	float	存放平均值	—	printf("％.2f",aver)；

（2）画出程序流程图

程序流程图如图 2-12 所示。

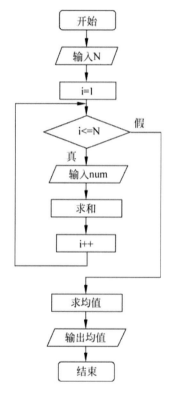

图 2-12　程序流程图

步骤 3：代码设计

（1）编写程序代码

```
//文件名：m2p1t3.cpp
#include <stdio.h>
void main( )
{
    int N,i;
    float num,sum=0,aver;
```

```
    printf("请输入你要给定数据的个数：");
    scanf("%d",&N);
    for(i=1;i<=N;i++)
    {
        printf("请输入第%d个数：",i);
        scanf("%f",&num);
        sum=sum+num;
    }
    aver=sum/N;
    printf("平均值是：%.2f。\n",aver);
}
```

（2）设置测试数据

第一组：
5 ↙ 9.2 ↙ 9.5 ↙ 8.8 ↙ 9.3 ↙ 8.8 ↙
第二组：
8 ↙ 87 ↙ 57 ↙ 75.5 ↙ 90 ↙ 60 ↙ 73 ↙ 59 ↙ 92.5 ↙
第三组：
10 ↙ 60 ↙ 84 ↙ -6 ↙ 4 ↙ 63 ↙ 25 ↙ 659 ↙ 360 ↙ -15 ↙ 95 ↙

步骤4：调试运行

程序的运行结果（第一组）为：

```
请输入你要给定数据的个数：5
请输入第1个数：9.2
请输入第2个数：9.5
请输入第3个数：8.8
请输入第4个数：9.3
请输入第5个数：8.8
平均值是：9.12。
Press any key to continue
```

阶段检测2

（1）求 1～100 中的偶数和。

（2）输入 10 个学生的成绩，求这 10 个学生的平均成绩。

任务4 满足条件的数据统计

生活场景再现

人们在进行数据统计时，有时会统计一些特殊的数据，如图 2-13 所示的奥运会奖牌榜中统计男子、女子、混合的奖牌数，班级中统计男女生的人数，成绩表中统计不及格或某个分数段的人数,这些都是根据特定条件进行的数据统计。

排名	国家/地区	金牌	银牌	铜牌	总数
1	美国	46	29	29	104
2	中国	38	27	23	88
	男子	17	8	11	36
	女子	20	18	12	50
	混合	1	1	0	2
3	英国	29	17	19	65
4	俄罗斯	24	26	32	82
5	韩国	13	8	7	28

完全奖牌榜　截至北京时间:2012-08-13 19:21:04

(a) 2012年伦敦奥运会奖牌榜详细数据

学生信息表

学号	姓名	性别	年龄	政治面貌
1	刘军	男	16	团员
2	姚涛	女	17	
3	吴帆	女	17	团员
4	金明军	男	18	团员
5	李涛	男	16	
6	林丹	男	16	
男生数	4人			
女生数	2人			
总人数	6人			

期末成绩表

学号	姓名	计算机基础
1	刘军	83
2	姚涛	68
3	吴帆	75
4	金明军	91
5	李涛	55
6	林丹	80
参考人数		6
不及格人数		1
优秀(>=80)人数		3

(b) 男女生人数统计　　　　(c) 不同分数段人数统计

图 2-13　有条件的数据统计

杨洋是 C 语言的课代表,期中考试过后老师请他帮忙统计一下不及格的人数,现在请你帮他一起完成吧。

任务要求

依据"生活场景再现"中展示的内容,请设计一个 C 程序,实现从给定的多个数中,将满足给定条件的数据输出显示,并显示满足条件的数据个数。

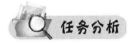

任务分析

从键盘输入给定的多个数,每次输入的数据均与条件比较,若满足条件则输出,并累计到统计变量中,最后输出满足条件的数据个数。(提示:以输入百分制的成绩,统计不及格的人数为例。)

知识准备　for 语句、while 语句、do-while 语句比较

三种循环语句都可以用来处理同一个问题,但是在具体使用时存在一些细微的差别。如果不考虑程序的可读性,一般情况下它们是可以相互代替的。它们的不同之处在于:

（1）循环控制变量的初始化。while 和 do-while 循环中，循环控制变量的初始化应该在 while 和 do-while 语句之前完成；而 for 循环中，循环控制变量的初始化可以在表达式 1 中完成。

（2）循环条件的设置。while 和 do-while 循环只在 while 后面指定循环条件；而 for 循环可以在表达式 2 中指定。

（3）循环控制变量的修改。while 和 do-while 循环要在循环体内包含使循环趋于结束的操作；而 for 循环可以在表达式 3 中完成。

（4）while 和 for 循环先判断循环条件，后执行循环体，而 do-while 是先执行循环体，再判断循环条件。所以 while、for 循环是典型的当型循环，而 do-while 循环可以看作是直到型循环。

（5）for 循环可以省略循环体，将部分操作放到表达式 2、表达式 3 中，for 语句功能强大。

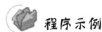 **程序示例**

比较 while 语句和 do-while 语句。

while 语句：

```
//文件名：m2p1t4-ep1-1.cpp
# include ＜stdio.h＞
void main( )
{   int i,sum＝0;
    scanf("％d",&i);
    while(i＜＝10)
    {   sum＝sum＋i;
        i＋＋;
    }
    printf("sum＝％d",sum);
}
```

do-while 语句：

```
//文件名：m2p1t4-ep1-2.cpp
# include ＜stdio.h＞
void main( )
{   int i,sum＝0;
    scanf("％d",&i);
    do
    {   sum＝sum＋i;
        i＋＋;
    } while(i＜＝10);
    printf("sum＝％d",sum);
}
```

运行"m2p1t4-ep1-1.cpp"程序,如果输入 1,则得到结果 sum=55;如果输入 11,则得到结果 sum=0。

运行程序"m2p1t4-ep1-2.cpp",如果输入 1,则得到结果 sum=55;如果输入 11,则得到结果 sum=11。

程序分析:

以上两个程序都用来解决同一问题,当输入的 i<=10 时,两者的结果是一致的,但是当输入的 i>10 时,两者的结果就不一样了。原因是当输入的 i>10 时,while 循环的条件一开始就为假,循环体执行不到,所以 sum 的值就是初始化的 0;而 do-while 循环一开始就是执行循环体,将输入的 i 加到了 sum 中,然后判断条件为假才退出循环,所以 sum 的值就是输入的 i 的值。

 小技巧

(1) 在循环次数明确的情况下建议使用 for 循环;

(2) 在循环次数不明确的情况下建议使用 while 循环或 do-while 循环。如果循环有可能一次也不执行,则应考虑使用 while 循环;若至少要执行一次循环,则应考虑使用 do-while 循环。

 **阶段检测1**

(1) C 语言中 while 与 do-while 循环的主要区别是(　　)。

　　A. do-while 的循环体至少无条件执行一次

　　B. while 的循环控制条件比 do-while 的循环控制条件严格

　　C. do-while 允许从外部转到循环体内

　　D. do-while 的循环体不能是复合语句

(2) 编程连续输出 20 个 *(分别用三种循环语句实现)。

(3) 编程限制必须输入 0~10 的整数,提示"输入正确。",否则重新输入(采用最合适的循环语句实现)。

 任务解决方案

步骤 1:拟定方案

(1) 确定需要输入的数据个数 N;

(2) 不断输入数据 num,均与设定条件比较,若满足条件则输出,并累计到统计变量中——循环语句、if 语句、printf( )函数;

(3) 输出满足条件的数据的个数。

步骤 2:确定方法

(1) 定义数据变量。

序号	变量名	类型	作 用	初值	输入或输出格式
1	N	int	存放总数目	—	scanf("%d",&N);
2	i	int	担任循环控制变量	1	—
3	count	int	统计满足条件数据的个数	0	printf("%d",count);
4	num	int	存放各个输入的数据	—	scanf("%d",&num);

（2）画出程序流程图（图 2-14）。

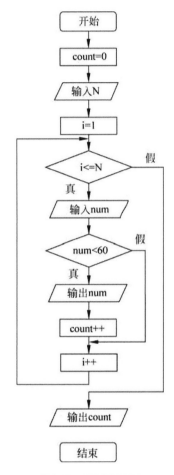

图 2-14　程序流程图

步骤3：代码设计

（1）编写程序代码

```cpp
//文件名：m2p1t4.cpp
#include <stdio.h>
void main( )
{   int N,i,count=0,num;
    printf("请输入你要给定数据的个数：");
    scanf("%d",&N);
```

```
for(i=1;i<=N;i++)
{   printf("请输入第%d个数：",i);
    scanf("%d",&num);
    if(num<60)
{   printf("%d满足条件；\n",num);
        count++;
    }
}
    printf("满足条件的数据共有%d个。\n",count);
}
```

（2）设置测试数据

第一组：
5↙ 98↙ 59↙ 48↙ 88↙ 62↙
第二组：
8↙ 63↙ 57↙ 75↙ 80↙ 48↙ 79↙ 59↙ 82↙
第三组：
10↙ 66↙ 54↙ 86↙ 91↙ 67↙ 92↙ 74↙ 67↙ 58↙ 79↙

步骤4：调试运行

程序的运行结果（第二组）为：

阶段检测2

（1）根据程序功能填空

```
//文件名：m2p1t4-test2-1.cpp
//功能：从键盘输入整数，统计其中大于0的整数的和以及小于0的整数的个数，分别用变量x,
y进行统计，用整数0结束循环
#include <stdio.h>
void main( )
{   int n,x,y;
    x=y=0;
    scanf("%d",&n);
    while ①
```

```
{   if(n>0)    ②
    else if(n<0)    ③
    scanf("%d",&n);
}
printf("x=%d,y=%d\n",x,y);
}
```

（2）输入 10 个学生的成绩，统计 80 分（含 80 分）以上的人数。

课题 2

趣味游戏设计

学习导表

任务名称	知识点	学习目标
任务 1　奥迪汽车 Logo 的生成	◇ 用户自定义函数调用； ◇ 文件包含使用	在掌握 for 语句、while 语句和 do-while 语句基本用法的基础上，可以展开应用。本课题的学习目标是： 1. 灵活运用两层循环嵌套； 2. 能正确调用用户自定义函数； 3. 学会文件包含的使用
任务 2　图形生成	两层循环嵌套	
任务 3　显示乘法口诀表	两层循环嵌套	

任务 1　奥迪汽车 Logo 的生成

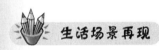 生活场景再现

　　Logo 是徽标或商标的外语缩写，一个形象的徽标可以让消费者很容易就记住该公司主体和品牌文化，对公司的识别和推广起着非常重要的作用。Logo 的设计形式多样，其中有一种是以几何图形或符号为表现形式，包含圆形、四方形、三角形、多边形和方向形标志图形。如图 2-15 所示，这些 Logo 都是以图形构成的，且还是由重复图形构成。

 任务要求

　　依据"生活场景再现"中展示的内容，请设计一个 C 程序，实现奥迪汽车的 Logo。

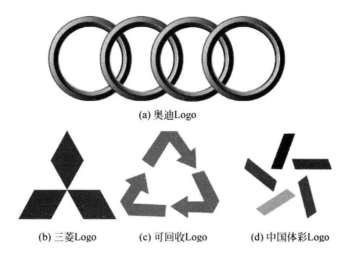

(a) 奥迪Logo

(b) 三菱Logo   (c) 可回收Logo   (d) 中国体彩Logo

图 2-15   以图形构成的 Logo

 **任务分析**

（1）奥迪汽车的标志为四个圆相接，C 语言可使用系统提供的图形函数绘制简单的图形，如圆。但在使用图形函数绘图之前，必须将显示器设置为图形模式。现已将这一过程在用户自定义函数 graph( )中实现，并存放在 init.h 头文件中，代码如下：

```
//文件名：init.h
#include <graphics.h>
void graph()
{   int driver,mode;
    driver=DETECT;mode=0;
    initgraph(&driver,&mode,"");
}
```

（2）调用函数 circle( )画圆；

（3）画图结束后调用 closegraph( )函数关闭图形模式。

说明：以上两个函数均在头文件"graphics.h"中，源程序中只需包含相应的头文件，再调用相应的函数实现即可。

 知识准备1   用户自定义函数的调用

C 语言中，一个 C 语言程序可以由一个主函数构成，也可由一个主函数和若干个其他函数构成，运行时由主函数开始。

从用户使用角度来看，C 语言的函数分为标准库函数和用户自定义函数两种。用户自定义函数的调用与库函数的调用一样，只不过这个自定义函数是用户根据自己的任务要求来编写的函数。

调用的一般形式为：

函数名(参数表)

其中,参数表中的参数个数必须与定义函数时的参数个数一致。

因为 C 语言程序运行时由主函数开始,如果自定义函数在 main( )函数之后定义的话,就得在 main( )函数前先声明或在 main( )函数中调用自定义函数前声明,然后才能在 main( )中调用。

 程序示例1

```
//文件名: m2p2t1-ep1.cpp
#include <stdio.h>
void main( )
{   void print( );
     print( );
}
void print( )
{  printf("我是自定义函数");
}
```

程序分析：

print( )函数的定义在 main( )函数之后,所以在 main( )函数中首先声明了 print( )函数,后面就可以进行调用了。结果为：我是自定义函数。

 小技巧

main( )函数中 print( )函数的声明也可写到 main( )函数之前。

如果自定义函数在 main( )之前已定义,则可以在 main( )函数中直接调用。

 程序示例2

```
//文件名: m2p2t1-ep2.cpp
#include <stdio.h>
void print( )
{   printf("我是自定义函数");
   }
   void main( )
   {   print( );
}
```

程序分析：

print( )函数的定义在 main( )函数之前,在 main( )函数中就不需要进行声明,直接调用即可。

阶段检测1

(1) 一个完整的 C 语言程序有且只能有一个 _____,程序执行时由 _____ 开始。

(2) 从用户使用角度来看,C 语言的函数分为 _____ 和 _____ 两种。

(3) 以下叙述中正确的是( )。

    A. C 语言程序总是从第一个定义的函数开始执行

    B. 在 C 语言程序中,要调用的函数必须在 main( ) 函数中定义

    C. C 语言程序总是从 main( ) 函数开始执行

    D. C 语言程序中的 main( ) 函数必须放在程序的开始部分

(4) 请找出下列程序存在的错误,标注出来并在右边修改,最后写出程序的运行结果。

```
//文件名:m2p2t1-test1-3.cpp
//功能:用函数求两个整数的和
1    #include <stdio.h>
2    void main( )
3    {   int a,b;
4        printf("请输入两个整数(用逗号隔开): ");
5        scanf("%d,%d",&a,&b);
6        add( );
7    }
8    add(int x,int y)
9    {   int result;
10       result=x+y;
11       printf("%d+%d=%d\n",x,y,result);
12   }
```

输入:8,3

运行结果:_____

(5) 写出下面程序的运行结果。

```
//文件名:m2p2t1-test1-4.cpp
#include <stdio.h>
void main()
{   void myfunc1();
    void myfunc2();
    myfunc1();
    myfunc2();
    myfunc1();
}
void myfunc1()
{   printf("==========\n");
}
void myfunc2()
```

```
{  printf("   欢迎\n");
}
```

运行结果：_____

 知识准备2 文件包含

在 C 语言程序中使用库函数时，需要在程序的开头加一个♯include 命令，将程序中使用的库函数所在的头文件包含到文件中。如要使用 scanf( )、printf( )等输入输出库函数时需要在程序开头添加♯include ＜stdio.h＞命令，使用 sqrt( )、abs( )等数学函数时需要写♯include ＜math.h＞命令等。

文件包含就是在一个源程序文件中，用♯include 命令将另一个文件的全部内容包含到当前源程序文件中。

有些自定义函数可能会被频繁地调用，此时可以将该函数放在一个头文件(＊.h)中，使用时只要在源程序开头添加♯include ＜头文件名＞命令之后，即可调用相关的自定义函数。

文件包含的方法：

方法 1：♯include ＜头文件名＞
方法 2：♯include"头文件名"

两者的区别在于，用尖括号＜＞时，系统直接到存放库函数头文件所在的路径中查找要包含的文件，这种方式称为标准方式；用双引号""时，系统先在用户当前路径中寻找要包含的文件，如果找不到，再按标准方式查找。一般情况下，如果要包含库函数，用尖括号＜＞节省时间；如是用户自己编写的头文件，则用双引号。

说明：

(1) 一个♯include 命令只能包含一个头文件，若要包含多个头文件，则需要编写多个♯include 命令。如要包含 stdio.h、math.h 这两个头文件，则应写如下代码：

♯include ＜stdio.h＞
♯include ＜math.h＞

(2) 文件包含可以嵌套使用，即一个头文件中可以包含另一个头文件。

 程序示例3

```
//文件名：compare.h
//功能：用来判断两个整数的大小，将其存放在用户当前路径中
max(int a,int b)
{  if(a＞b)
     printf("较大值是％d。\n",a);
   else
```

```
        printf("较大值是%d。\n",b);
}
//包含头文件compare.h的主函数程序如下：
//文件名：m2p2t1-ep3.cpp
♯include <stdio.h>
♯include "compare.h"
void main()
{    int x,y;
     printf("请输入两个整数(用逗号隔开)：");
     scanf("%d,%d",&x,&y);
     max(x,y);
}
```

程序分析：

上述程序中通过使用♯include <stdio.h>命令，可以调用 printf( )函数；使用♯include "compare.h"命令，则可以调用用户自定义的函数 max( )。运行主函数程序，若输入6,10,则结果是：较大值是10。

 阶段检测2

(1) 在使用文件包含命令时，当♯include 后面的头文件名用尖括号<>括起来时，寻找头文件的方式是(　　)。

　　A. 只搜索当前路径

　　B. 只搜索源程序所在路径

　　C. 直接按系统标准方式搜索

　　D. 先搜索源程序所在路径,若未搜索到,再按系统标准方式搜索

(2) 主函数中要包含 stdio.h 和 string.h 这两个头文件,应该写怎样的代码？

任务解决方案

步骤1：拟定方案

(1) 设置图形模式——调用用户自定义函数 graph( )；

(2) 绘制图形——调用库函数 circle( )；

(3) 关闭图形模式——调用库函数 closegraph( )。

步骤2：确定方法

(1) 定义数据变量。

序号	变量名	类型	作　　　用	初值	输入或输出格式
1	x	int	定位 x 轴坐标	100	—
2	y	int	定位 y 轴坐标	100	—
3	r	int	圆半径	50	—

（2）画出程序流程图（图 2-16）。

图 2-16　程序流程图

步骤 3：代码设计

（1）编写程序代码

```
//文件名：m2p2t1.cpp
#include <conio.h>           //getch()函数在 conio.h 头文件中
#include "init.h"
void main()
{   int x=100,y=100,r=50;
    graph();
    circle(x,y,r);
    circle(x+70,y,r);
    circle(x+140,y,r);
    circle(x+210,y,r);
    getch();                 //按任意键继续
    closegraph();
}
```

（2）设置测试数据

无测试数据。

步骤 4：调试运行

程序的运行结果为：

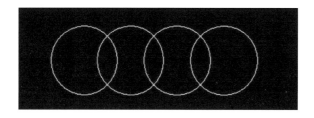

知识拓展

头文件"graphics. h"是 Turbo C 的图形库,如果要用的话应该用 TC 来编译,VC++有自己另外的图形库,为了能在 VC++中使用头文件"graphics. h",需要将"CProgram_graphics_h_VC_BGI. zip"压缩包(资源包中提供)中的"graphics. lib"复制到 VC 程序安装路径下 VC6(或 VC98)文件夹下的 lib 文件夹内,将"graphics. h"拷贝到 include 文件夹内。

阶段检测3

(1)用 C 程序绘制奥运五环。

(2)写出下面程序的运行结果。

```
//文件名:m2p2t1-test3-2.cpp
#include <stdio.h>
swap(int a,int b)
{   int temp;
    temp=a;
    a=b;
    b=temp;
    printf("%d,%d\n",a,b);
}
void main()
{   int a=10,b=20;
    swap(a,b);
    printf("%d,%d\n",a,b);
}
```

运行结果:＿＿＿＿＿＿＿＿＿＿＿＿＿＿＿＿＿＿＿＿＿＿＿＿

任务2 图形生成

 生活场景再现

图形在日常生活中是十分常见的,如图 2-17 所示,金字塔、iPad、自动伸缩门、魔方这些物体中都有图形的存在,只要你留心观察周围,三角形、四边形这类图形随处可见。

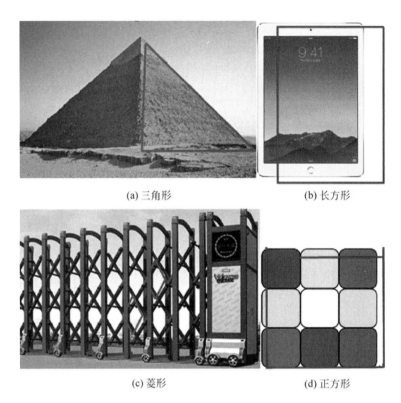

(a) 三角形   (b) 长方形

(c) 菱形   (d) 正方形

图 2-17   生活中的图形

任务要求

依据"生活场景再现"中展示的内容,请设计一个 C 程序,组成一个字符图形(提示:可参考下面用 * 组成的各种图形)。

```
                              *              *
* * *         *        * * * * * * *      * * *        * * * * *
* * *       * * *        * * * * *       * * * * *      * * * * *
* * *      * * * * *      * * *         * * * * *      * * * * *
          * * * * * * *       *          * * *        * * * * *
                                            *
正方形        三角形         倒三角形         菱形        平行四边形
```

任务分析

任务中出现的图形均由若干行组成,每行由若干个字符组成,可采用两层循环来控制行和列的变化。

知识准备   循环的嵌套

一个循环的循环体内又包含另一个完整的循环,称为循环的嵌套。

while、do-while、for 三种语句可以相互嵌套。有以下 9 种可能,见表 2-4。

表 2-4　循环嵌套的各种形式

while( )
{ ...
　while( )
　{ ... }
...
}
	do
	{ ...
	　do
	　{ ... }
	　while( );
	...
	} while( );
		for(; ;)
		{ ...
		for(; ;)
		{ ... }
		...
		}

while( )
{ ...
　do
　{ ... }
　while( );
　...
}
	do
	{ ...
	　while( )
	　{ ... }
	...
	} while( );
		for(; ;)
		{ ...
		while( )
		　{ ... }
		...
		}

while( )
{ ...
for(; ;)
{ ... }
　...
}
	do
	{ ...
	for(; ;)
	{ ... }
	...
	} while( );
		for(; ;)
		{ ...
		　do
		　{ ... }
		　while( );
		...
		}

程序示例

```
//文件名:m2p2t2-ep1.cpp
#include <stdio.h>
void main( )
{   int i,j;
    for(i=1;i<=3;i++)
    {   for(j=1;j<=3;j++)
          printf(" * ");
        printf("\n");
    }
}
```

程序分析:

控制变量 i 控制行数为 3 行,每一行上由 j 控制连续输出 3 个 * 后换行,输出结果为:

```
* * *
* * *
* * *
```

该结果相当于由 * 组成的 3 行 3 列的正方形图形。

小技巧

使用循环的两层嵌套输出某些字符时,外层(第一层)循环用来控制输出的行数,里层(第二层)循环用来控制每行上输出的列数。

阶段检测1

(1) 以下程序段共循环_____次。

```
for(i=0;i<=5;i++)
   for(j=6;j>1;j--)
   {...}
```

(2) 输出 4×5 的 * 。

(3) 写出下面程序的运行结果。

① 程序 1

```
//文件名:m2p2t2-test1-3-1.cpp
#include <stdio.h>
void main( )
{   int i,j;
    for(i=1;i<=4;i++)
    {   for(j=1;j<=i;j++)
          printf("#");
      printf("\n");
    }
}
```

运行结果:_____

② 程序 2

```
//文件名:m2p2t2-test1-3-2.cpp
#include<stdio.h>
void main( )
{   int i,j;
    for(i=0;i<4;i++)
    {   j=0;
        while(j<2*i+1)
        {   printf("%c",65+j);
        j++;
        }
        printf("\n");
    }
}
```

运行结果:_____

③ 程序3

```
//文件名：m2p2t2-test1-3-3.cpp
#include <stdio.h>
void main( )
{   int i,j;
    for(i=1;i<=3;i++)
    {   for(j=1;j<=3-i;j++)
          printf(" ");
        for(j=1;j<=2*i-1;j++)
          printf("#");
        printf("\n");
    }
}
```

运行结果：＿＿＿＿＿＿＿＿＿＿＿＿＿＿＿＿＿＿＿＿

 任务解决方案

步骤1：拟定方案

(1) 外层循环变量控制行数；

(2) 内层循环变量控制每行上的列数；

(3) 循环体控制输出每行上的字符，如空格、符号、字母、换行等。

步骤2：确定方法

(1) 定义数据变量。

序号	变量名	类型	作　　用	初值	输入或输出格式
1	i	int	控制行数	1	—
2	j	int	控制每行上的列数	1	—

(2) 画出程序流程图(图 2-18)。

步骤3：代码设计

(1) 编写程序代码

```
//文件名：m2p2t2.cpp
#include <stdio.h>
void main( )
{   int i,j;
    for(i=1;i<=6;i++)
    {   for(j=1;j<i;j++)
      printf(" ");
      for(j=1;j<=13-2*i;j++)
        printf("*");
      printf("\n");
    }
}
```

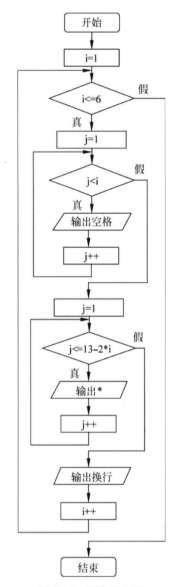

图 2-18　程序流程图

（2）设置测试数据

无测试数据。

步骤 4：调试运行

程序的运行结果为：

（1）输出任务分析中的菱形。
（2）输出任务分析中的平行四边形。

任务3　显示乘法口诀表

生活场景再现

乘法口诀表我们一点也不陌生，一般人们见到的会是如图2-19所示的形式。

1×1=1								
1×2=2	2×2=4							
1×3=3	2×3=6	3×3=9						
1×4=4	2×4=8	3×4=12	4×4=16					
1×5=5	2×5=10	3×5=15	4×5=20	5×5=25				
1×6=6	2×6=12	3×6=18	4×6=24	5×6=30	6×6=36			
1×7=7	2×7=14	3×7=21	4×7=28	5×7=35	6×7=42	7×7=49		
1×8=8	2×8=16	3×8=24	4×8=32	5×8=40	6×8=48	7×8=56	8×8=64	
1×9=9	2×9=18	3×9=27	4×9=36	5×9=45	6×9=54	7×9=63	8×9=72	9×9=81

图2-19　乘法口诀表

请你考虑一下两个乘数有何规律，如何用C程序输出这样一个乘法口诀表。

任务要求

依据"生活场景再现"所展示的内容，请设计一个C程序，打印乘法口诀表。

任务分析

通过观察，我们发现：①口诀表由9行9列组成；②第一行只有一列，即$1×1=1$，第二行只有两列，即$1×2=2$，$2×2=4$……第九行有九列，分别是$1×9=9$，$2×9=18$…$9×9=81$；③每一行的第一个乘数是列号，第二个乘数是行号，积就是两个数相乘的结果，可采用两层循环来实现。

观察思考

(1) 下面程序运行是怎样的,会得到什么结果?

```
//文件名：m2p2t3-exl-1.cpp
#include <stdio.h>
void main( )
{   int i,j;
    for(i=1;i<=3;i++)
    {   for(j=1;j<=4;j++)
            printf("%d",i);
        printf("\n");
    }
}
```

运行结果：_____

(2) 若将上题中语句"printf("%d",i);"改成"printf("%d",j);",运行结果是什么?

运行结果：_____

(3) 以上两题的输出数据与乘法口诀表中的两个乘数有何关系?

_____

 阶段检测

(1) 输出以下数字：

```
1
12
123
1234
```

(2) 输出以下数字：

```
1
22
333
4444
```

 任务解决方案

步骤 1：拟定方案

(1) 外层循环变量控制行数,即行号分别为 1,2,…,9;

(2) 内层循环变量控制每行上的列数,即列号分别为 1,2,…,9;

(3) 循环体控制输出每行上的乘数、积和换行。

步骤2：确定方法

（1）定义数据变量。

序号	变量名	类型	作　　用	初值	输入或输出格式
1	i	int	控制行数，也代表行号	1	printf("％d",i);
2	j	int	控制每行上的列数，也代表列号	1	printf("％d",j);

（2）画出程序流程图（图2-20）。

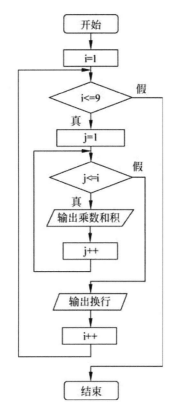

图2-20　程序流程图

步骤3：代码设计

（1）编写程序代码

```
//文件名：m2p2t3.cpp
#include <stdio.h>
void main( )
{   int i,j;
    for(i=1;i<=9;i++)
    {   for(j=1;j<=i;j++)
        printf("％d * ％d＝％-3d",j,i,i * j);
        printf("\n");
    }
}
```

（2）设置测试数据

无测试数据。

步骤 4：调试运行

程序的运行结果为：

```
1*1=1
1*2=2    2*2=4
1*3=3    2*3=6    3*3=9
1*4=4    2*4=8    3*4=12  4*4=16
1*5=5    2*5=10   3*5=15  4*5=20  5*5=25
1*6=6    2*6=12   3*6=18  4*6=24  5*6=30  6*6=36
1*7=7    2*7=14   3*7=21  4*7=28  5*7=35  6*7=42  7*7=49
1*8=8    2*8=16   3*8=24  4*8=32  5*8=40  6*8=48  7*8=56  8*8=64
1*9=9    2*9=18   3*9=27  4*9=36  5*9=45  6*9=54  7*9=63  8*9=72  9*9=81
Press any key to continue
```

阶段检测2

（1）写出下面程序的运行结果。

```c
//文件名：m2p2t3-test2-1.cpp
#include <stdio.h>
void main( )
{   int j,k,s;
    s=1;
    for(j=0;j<3;j++)
      for(k=0;k<3;k++)
        s=s+1;
    printf("s=%d,j=%d,k=%d\n",s,j,k);
}
```

运行结果：_____

（2）输出以下图形数字：

```
1
 12
 123
1234
```

课题

批量数据处理

学 习 导 表

任 务 名 称	知 识 点	学 习 目 标
任务 1 序列数的存储与处理	◇ for 语句； ◇ 一维数组的定义； ◇ 一维数组的初始化； ◇ 一维数组的存储； ◇ 数组的引用	简单类型变量 float、int、char 等的特点是一个变量只能描述一个数据，如果要实现批量数据处理，必须使用数组来对相同性质的数据进行存储和处理，以提高程序设计的效率。本课题内容是整个课程的重点，是对"数组"的相关知识以及运用数组编程方法的讲解，通过本课题的学习，进一步提高学生 C 语言数组编程技术和技巧。本课题的学习目标是： 1. 理解数组的基本概念和作用； 2. 清楚知道数组的定义和初始化方法； 3. 理解数组的存储过程和方法； 4. 掌握数组型变量的输入和输出； 5. 能灵活应用一维数组、二维数组进行程序设计
任务 2 系列数的存储与处理	◇ 数组的输入； ◇ 循环语句与数组的综合运用	
任务 3 表格式数据的存储与处理	◇ for 语句； ◇ 二维数组的定义； ◇ 二维数组的初始化； ◇ 二维数组的运用	

任务 1　序列数的存储与处理

生活场景再现

生活中,有些数据相互之间存在关联关系,同时又都有一定的规律,如图 2-21 所示,电梯显示的楼层号、宾馆各楼层的房号引导指示牌等,还有一些具有其他规律的数,如等比数列(1,2,4,8,16,…),Fibonacci 数列(1,1,2,3,5,8,…),我们将这类数称为序列数。

(a) 电梯楼层数据显示

(b) 宾馆房号引导牌

图 2-21　生活中的序列数

假设某计算机班有学生 30 人,要统计该班学生的《C 语言程序设计》课程成绩,在编程的时候,声明 30 个整型变量(如 int a1,a2,a3,…,a30;),如果这样可以的话,那么 500 名学生的 C 语言成绩是不是就需要声明 500 个变量? 很显然,这是不可能的。

那么,这些有规律的数据 C 语言会提供怎样的方式来存储与处理呢?

任务要求

依据"生活场景再现"中展示的内容,请设计一个 C 程序,用数组生成并实现 Fibonacci 数列的前 12 项,并求出前 12 项数据总和。

任务分析

要实现 Fibonacci 数列并求和,可按以下步骤进行:

(1) 生成所有的数;

(2) 实现所有数累加求和;

(3) 输出所有数及总和。

观察思考

说说下列数的生成规律。

（1）学生学号

（2）100 以内的连续奇数

（3）手机内存容量
8GB、16GB、32GB、…

 知识准备1　定义和引用一维数组

要存储和处理大量相同性质的数据,如果采用基本类型定义的普通变量,多少个数据就需要定义多少个变量,这种定义方式在处理相互之间有一定关联关系的数据时是不方便的。为此,C 语言提供了一种构造类型——数组。

数组可以将一组类型相同的多个数据组成一个整体,多个数据共用一个名字即数组名,每个数据可通过唯一的下标来区分,同时 C 语言编译系统会为数组分配一块连续的存储区域,存放每一个数据。因此数组的使用极大地提高了 C 程序的数据处理能力。

1. 定义一维数组

在使用数组时,要遵循"先定义,后使用"的原则。定义数组时要明确指出数组中欲存放的数据类型、元素个数及数组名称。

一维数组定义格式如下:

类型符数组名[常量表达式];

其中,常量表达式指明数组的长度即数组元素的个数。

例如:

```
int a[8];          //定义了一个 int 类型的数组 a,存放 8 个整数
long b[8];         //定义了一个 long 类型的数组 b,存放 8 个长整型数
float c[8];        //定义了一个 float 类型的数组 c,存放 8 个实数
```

注意:

（1）在定义数组时,数组名只能是合法的用户标识符;

（2）数组元素的个数只能是常量表达式或常量,不能为变量。

如:

```
int n＝10,a[n];    //不合法错误
```

2. 引用一维数组元素

数组元素是组成数组的基本单元。数组中每个元素也是一种独立的变量,其标识方法为数组名和数组下标。

一维数组的引用格式为:

数组名[下标]

说明:

① "下标"可以是整型变量或整型表达式;

如:a[1],a[i],a[i+3],a[i*2]。

② "下标"的下限为 0,上限为数组长度—1,否则会产生下标越界错误。

如有:

int a[3];

则数组 a 的所有元素为:a[0],a[1],a[2]。

③ 除字符数组外,数组不能整体赋值或引用,只能逐个引用数组元素。

 程序示例1

```
//文件名: m2p3t1-ep1.cpp
#include <stdio.h>
void main()
{int a[3],i;
    for(i=0;i<3;i++)
       a[i]=i*2;
    for(i=0;i<3;i++)
       printf("%d\t",a[i]);
}
```

程序分析:

通过 for 循环语句,对整型数组 a 的三个元素 a[0],a[1],a[2]进行逐个赋值,在输出时同样使用循环语句逐个输出每个元素,程序运行结果为:

0　2　4

 **阶段检测1**

(1) 请用"√"选出合法的数组定义方式。

① int a(10)　　　　　　　　　　　　　　　(　)

② main()　　　　　　　　　　　　　　　　(　)
　　{int n=6;
　　 int a[n];
　　…　}

③ main()　　　　　　　　　　　　（　）
　　{ int a[3＋4]；
　　…　}
④ #define SIZE 8　　　　　　　　　（　）
　　int a[SIZE]；

（2）写出下面程序的运行结果。

```
#include <stdio.h>
void main()
{   int i,a[10];
  for (i=0; i<=9;i++)
      a[i]=i;
  for(i=9;i>=0; i--)
      printf("%d ",a[i]);
  printf("\n");
}
```

 知识准备2　初始化一维数组

数组初始化是指在定义数组时对数组元素进行赋值。这种在定义时赋初值对数组而言是一种简单而行之有效的方法，它适用于长度较小的数组或对长度较大的数组进行部分元素赋值，而且可对每个数组元素赋不同的值。

数组初始化操作是在编译阶段进行的，因此比通过循环语句赋值更节省运行时间。

一维数组初始化的一般形式为：

类型符 数组名[常量表达式]＝{值1,值2,值3,…}；

其中在{}中的各数据值即为各元素的初值，各值之间用逗号隔开。

对数组进行初始化有以下两种方式。

1. 指定全部元素的初始值

方法1：定义时指定数组长度，并对每个数组元素赋初值。

如：

int a[3]＝{10,20,30}；

表示在定义 int 类型数组 a 的同时将数组的 3 个元素分别赋值，相当于：

a[0]＝10，　a[1]＝20，　a[2]＝30。

方法 2：初始化时不指定数组元素的个数，系统自动将初值的个数作为数组的长度。

如：

int a[ ]＝{1,2,3}；

定义数组 a 为 int 型，初值有 3 个，即数组长度也为 3，每个数组元素的值为：

a[0]＝1, a[1]＝2, a[2]＝3。

2. 指定部分元素的初始值

int a[10]＝{90,80, 70}；

表示数组 a 的前 3 个元素赋有指定的初始值,其他元素自动被赋为 0 值:
a[0]＝90,a[1]＝80,a[2]＝70,a[3]～a[9]的值均为 0。

 程序示例2

```
//文件名: m2p3t1-ep2.cpp
//有 10 个学生 C 语言成绩存放在数组 a 中,请将其逆序输出
#include <stdio.h>
void main()
{   int i;
    int a[10]={97,90,89,87,83,78,77,69,68,56};
    printf("10 个 C 语言成绩逆序输出结果是:\n");
    for(i=9;i>=0;i--)
    printf("%d\t",a[i]);                    //其中的\t 输出一个 tab(跳格)
    printf("\n");
}
```

运行程序,输出结果为:

56   68   69   77   78   83   87   89   90   97

 小技巧

(1) 程序 m2p3t1-ep1.cpp 中输出语句是 printf("%d\t",a[i]),由于数组名 a 代表数组的起始地址,即第一个元素 a[0]的地址,所以如果写成 printf("%d\t",a),将会导致程序结果出错。

(2) 定义数组时用到的"数组名[常量表达式]"和引用数组元素时用到的"数组名[下标]"虽然在形式上相似,但含义和用法不同,如:

int a[6];   //定义数组 a,数组长度为 6
t=a[6];   //引用 a 数组中下标为 6 的元素,此时 6 不代
                           表数组长度,仅代表下标值

(3) 在进行数组初始化时,{}中值的个数不能超过数组元素的个数。
例如:

int a[5]={1,2,3,4,5,6};

是一种错误的数组初始化方式,所赋初值多于定义数组的元素个数。

 **阶段检测2**

(1) 以下对一维数组 a 进行正确初始化的是(   )。
      A. inta[8]=(0,0,0,0,0);   B. int a[8]={ };
      C. int a[2]={0,1,2};   D. int a[8]={ 8*2};
(2) 如有定义语句 int a[]={1,8,2,8,3,8,4,8,5,8};,则数组 a 的大小是(   )。

A. 10   B. 11   C. 8   D. 不定

（3）下面程序的输出结果是（   ）。

```c
#include <stdio.h>
void main()
{   int a[]={1,8,2,8,3,8,4,8,5,8};
    printf("%d,%d\n",a[4]+3,a[4+3]);
}
```

A. 6,6   B. 8,8   C. 6,8   D. 8,6

（4）下面程序的输出结果是（   ）。

```c
#include <stdio.h>
void main()
{   int a[10]={1,2,3,4,5,6,7,8,9,10};
    printf("%d\n",a[a[1] * a[2]]);
}
```

A. 3   B. 4   C. 7   D. 2

 任务解决方案

步骤 1：拟定方案

（1）生成所有数，其中第 1 个数赋值为 1，第 2 个数赋值也为 1，后续数为前两个数之和，f[i]=f[i-1]+f[i-2]，连续生成第 3 个到第 12 个数；

（2）实现所有数累加求和，sum=sum+f[i]；

（3）输出所有数及总和。

步骤 2：确定方法

（1）定义数据变量。

序号	变量名	类型	作　用	初值	输入或输出格式
1	f	int[]	存放 Fibonacci 数列的值	f[0]=1; f[1]=1	printf("%d",f[i]);
2	i	int	循环控制变量	0	—
3	sum	long int	存放和	0	printf("%d",sum);

（2）画出程序流程图（图 2-22）。

步骤 3：代码设计

（1）编写程序代码

```cpp
//文件名：m2p3t1.cpp
#include<stdio.h>
int main()
{
    int f[12], i;
```

```
long int sum;
sum=0;f[0]=1;f[1]=1;
for (i=2;i<12;i++)
    f[i]=f[i-1]+f[i-2];
for (i=0;i<12;i++)
    sum=sum+f[i];
printf("Fibonacci 数列的前 12 项是：\n");
for (i=0;i<12;i++)
{   if (i%4==0)printf("\n");                 //输出 4 个数换一行
    printf("%5d",f[i]);
}
printf("\n 前 12 项的和为%ld\n",sum);
return 0;
}
```

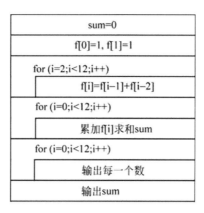

图 2-22　程序流程图

（2）设置测试数据

无须输入测试数据。

步骤 4：调试运行

程序的运行结果为：

 阶段检测3

（1）依据以下程序的功能，将程序补充完整。

//文件名：m2p3t1-test3-1.cpp
//功能：统计给定数组中奇数和偶数的个数

```
#include<stdio.h>
void main()
{    int m[10]={1,2,3,4,5,6,7,8,9,10};
    int a=0,b=0,i=0;
    for ( ① )
    {
        if ( ② )
            a++;
        else
            b++;
    }
        printf("数组中奇数的个数%d,偶数的个数%d",a,b);
}
```

（2）依据以下程序的功能，将程序补充完整。

```
//文件名: m2p3t1-test3-2.cpp
//功能:将整型数组 a 中的 5 个整型数按序存放并输出
#include <stdio.h>
void main()
{
    int i,a[5];
    for (i=0; i<=4;i++)
        a[i]=i;
        ①
        ②
    printf("\n");
}
```

（3）改写 m2p3t1.cpp 程序，逆序输出 Fibonacci 数列前 50 项。

任务 2　系列数的存储与处理

 生活场景再现

在生活中，我们经常需要对数据进行各种各样的统计分析，并将其作为决策时的参考，如统计卖场一周某酒品销售情况，计算班级学生某课程的平均分，找出歌唱比赛中的最高分或最低分……这些需要处理的数据，类别相同但相互间又没有明确规律，我们可以将此类数称为系列数。

程刚是一位市场研究员，这次他的任务是分析某品牌空调在各电商平台的销售情况，如图 2-23 所示，如果用 C 程序对该数据进行分析和处理，现在请你想一下，用 C 语言程序来实现，他该怎么做呢？

周销售报表——空调

(单位：台)

星期	京东	苏宁	国美	美团
星期日	78	56	67	88
星期一	23	45	38	53
星期二	34	55	56	45
星期三	43	42	32	55
星期四	36	30	46	30
星期五	60	65	90	79
星期六	89	78	87	102
合计	363	371	416	452

图 2-23　空调销售报表

任务要求

依据"生活场景再现"中展示的内容，请设计程序任务，统计该空调在苏宁平台近一周的销售总量、周均值及最高销售量。

任务分析

（1）输入，从键盘输入苏宁平台的一周空调销量，由于每天的数据不同，且可作一个整体处理，故考虑用数组来处理；

（2）累加，对输入的数据进行求和，计算销售总量；

（3）求均值，只需将销售总量除以天数即可；

（4）找出最高销售量，通过数与数之间的比较来实现。

观察思考

从键盘输入 10 个数给数组 a，请思考该怎么做？

方法一：_____

方法二：_____

知识准备　数组的输入

虽然数组可以通过初始化获得值，但是这样的赋值方式有其自身的局限性，对于需要随机输入数据的情况就无法满足要求，即程序的灵活性不够。

与基本变量相同，在数组中，我们可以使用 scanf 函数逐个对每个数组元素赋值。

格式：

scanf(格式控制,& 数组元素)

例如：

scanf("%d",&a[i]);

或

```
for (int i=0;i<10;i++)
    scanf("%d",&a[i]);
```

关于数组数据的输入,请注意以下几点：

① 数组元素的数据只能逐个输入,不能一次性整体输入(字符数组除外)；

② 输入数据的个数应与数组长度一致,且数组元素引用时下标不能越界；

③ 数组名代表数组的起始地址,即等于第一个元素地址。每个数组元素的地址可在数组元素名前加 &(取地址运算符"&"),即 a[0] 的地址为 &a[0],a[1] 的地址为 &a[1],…。

 程序示例

```
//文件名: m2p3t2-ep1.cpp
#include<stdio.h>
int main()
{   int a[10],i;
    for(i=0;i<10;i++)
        scanf("%d",&a[i]);
    printf("\n");
    for(i=0;i<10;i++)
        printf("%6d ",a[i]);
    printf("\n");
    return 0;
}
```

程序分析：

程序运行后,从键盘输入 10 个数分别送给数组 a 中的 10 个元素 a[i](i=0,1,…,9),然后输出 10 个数(每个数占 6 列),输入时各数据之间用空格、回车或 tab 键分隔。

例如：

输入：

11 22 33 44 55 66 77 88 99 00 ↙

则输出：

11　22　33　44　55　66　77　88　99　00

 小技巧

(1) 除字符数组外,数组元素的数据输入、输出可以通过循环语句逐个对每个数组元素进行；

（2）除字符串数组外，数组输入时必须在数组元素前加取地址运算符"&"，而输出数据时不需加"&"，如：

```
scanf("%d",&a[i]);
printf("%d ",a[i]);
```

 **阶段检测l**

（1）请指出下列程序中存在的错误，说明原因并修改。

```
//文件名：m2p3t2-test1-1.cpp
//功能：实现对数组 a 所有元素的输入输出
#include <stdio.h>
void main()
{    int a[5];
     scanf("%d",&a[5]);
     printf("%d\n",a[5]);
}
```

（2）依据以下程序的功能，将程序补充完整。

```
//文件名：m2p3t2-test1-2.cpp
//功能：校园叠被子大赛中，有7个评委对某学生进行打分，试编程求这位选手的平均得分(去掉
一个最高分和一个最低分后)
#include<stdio.h>
int main()
{
    double a[7],max,min,sum,ave;
    int i;
    for(i=0;i<7;i++)
        scanf("%lf",①);
    sum=a[0];
    min=a[0];
    max=a[0];
    for( ② )
    {
        if(max<a[i]) max=a[i];
        if(min>a[i]) min=a[i];
        sum+=a[i];
    }
    ave=③;
    printf("%5.1f\n",④);
    return 0;
}
```

（3）以下程序段给数组所有元素输入数据，应在下划线处填入的是（　　　）。

　　　　A．a+(i++)　　　　　　　　　　　B．&a[i+1]

C. &a[i++]   D. &a[++i]

```
void main( )
{   int a[10],i=0;
    while(i<10)
    scanf("%d",_____);
}
```

 任务解决方案

步骤 1：拟定方案

（1）输入数据给数组 a,数组元素为 a[0]～a[6],用于存放周日到周六的销量——使用 for 语句与 scanf()函数;

（2）求总和;

（3）求均值;

（4）最大值;

（5）输出结果——printf()函数。

步骤 2：确定方法

（1）定义数据变量

序号	变量名	类型	作 用	初值	输入或输出格式
1	a	int[]	存放一周的销售量	—	scanf("%d",&a[i]);
2	max	int	存放最高销售量	—	printf("%d \n",max);
3	sum	float	存放最低销售量	0	printf("%.0f \n",sum);
4	aver	float	存放平均销售量	—	printf("%.2f\n",aver);
5	i	int	循环控制变量	—	—

（2）画出程序流程图（图 2-24）

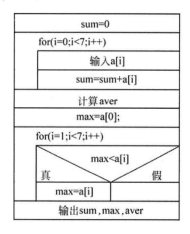

图 2-24 程序流程图

步骤 3：代码设计

（1）编写程序代码

```
//文件名：m2p3t2.cpp
#include<stdio.h>
void main()
{    int a[7],max,i;
     float aver,sum=0;
     printf("请依次输入在苏宁七天销售数据(用空格分隔):\n");
     for(i=0;i<7;i++)
     {    scanf("%d",&a[i]);
          sum=sum+a[i];
     }
     aver=sum/7;
     max=a[0];
     for(i=1;i<7;i++)
          if(a[i]>max) max=a[i];
     printf("销售总量及最大销量为:%.0f,%d\n",sum,max);
     printf("一周销售均值为:%.2f\n",aver);
}
```

（2）设定测试数据

输入一周销量，观察程序运行结果，检验程序功能：

56 45 55 42 30 65 78 ✓

步骤 4：调试运行

程序的运行结果为：

```
请依次输入在苏宁七天销售数据（用空格分隔）:
56 45 55 42 30 65 78
销售总量及最大销量为:371,78
一周销售均值为:53.00
Press any key to continue
```

 **阶段检测2**

修改 m2p3t2.cpp 程序，根据程序功能填空。

程序 1

```
//文件名：m2p3t2-test2-1.cpp
//功能：将低于平均值的数据在原有基础上加5,并显示修改后的数据。
#include<stdio.h>
void main()
{    int i;
     float a[7],aver,sum=0;
     printf("请依次输入七天销售数据(用空格分隔):\n");
     for(i=0;i<7;i++)
```

```
{       scanf("%f",&a[i]);
        sum=sum+a[i];
    }
    aver=sum/7;
    for(①)
        if(a[i]<aver)②;
    printf("修改后的数据为:\n");
    for(i=0;i<7;i++)
    printf("%.0f ",a[i]);
printf("\n");
}
```

程序2

```
//文件名:m2p3t2-test2-2.cpp
//功能:将高于平均值的数据输出。
#include<stdio.h>
void main()
{       int i;
        float a[7],aver,sum=0;
        printf("请依次输入七天销售数据(用空格分隔):\n");
        for(i=0;i<7;i++)
        {       scanf("%f",&a[i]);
                sum=sum+a[i];
        }
        aver=sum/7;
        printf("高于平均值的数据为:\n");
        for(i=0;i<7;i++)
            if (①) printf("%.0f\n",a[i]);
}
```

任务3 表格式数据的存储与处理

生活场景再现

　　生活中,表格式数据应用非常广泛,如图 2-25 所示的学生成绩表,邮政局的营销数据榜等,图 2-25(a)、(b)表格都利用横向(行)和纵向(列)结合存放数据,直观明了,数据分析和处理也比较方便。那么,利用行、列二维矩阵形式表示和处理数据,在 C 语言中,能否实现呢?

　　在班级中,有多个学习小组,每个学习小组有 4 个人。李钦担任组长的学习小组,每人有三门课的考试成绩,他要统计该小组总分和不及格成绩的个数,现在请你一起帮他完成吧。

邮政局支行"营销专家"光荣榜

_年_月

员工姓名	个金业务月营销分值	资产业务月营销分值	公司业务月营销分值	累计（万元）
陈东	20	120	45	185
王明文	45	66	78	189
李卫青	54	76	98	228
陈刚	56	47	89	192
肖阳	34	67	108	209
顾伟强	78	56	88	222

学生成绩表

序号	姓名	语文	数学	英语
1	李钦	88	90	95
2	王新凤	79	58	66
3	姚刚	84	67	50
4	汪豪	76	98	78

(a) 学生成绩表　　　　　　　　　　　(b) 营销数据榜

图 2-25　生活中的表格数据

 **任务要求**

依据"生活场景再现"中展示的内容，请设计一个程序，输入每个学生的成绩，将所有成绩总分及满足条件（不及格个数）的数据输出显示。

 **任务分析**

该任务包含三个科目，四位学生，共有 12 个数据。

（1）完成输入 12 个成绩；

（2）以矩阵形式（3×4），如图 2-25a 所示输出数据；

（3）统计不及格成绩的个数，累计求所有同学各科成绩总和；

（4）输出统计结果。

 观察思考

如图 2-26 所示成绩统计表，数据是 Excel 样式，请写出语文、数学、英语三门课程的最高分所在单元格地址，试猜测一下 C 语言如何用二维数组。

▲	A	B	C	D	E	F	G
1	考号	姓名	语文	数学	英语	理论	实践
2	20150101	张红	65	89	85	45	90
3	20150102	李芳	50	66	81	80	82
4	20150103	谭小东	69	75	90	86	67
5	20150104	王伟	87	85	84	90	80

图 2-26　成绩统计表

（1）最高分存放位置：_____

（2）单元格地址的构成：_____

知识准备I 二维数组的定义和引用

1. 二维数组的定义

只有一个下标的数组,称为一维数组,其数组元素也称为单下标变量。

当数组中每个元素带有两个下标时,称这样的数组为二维数组。

如果将一个一维数组看作顺序排列的一行数据,那么二维数组相当于顺序排列的多行数据,且每行数据都有相同的长度,换句话说,也就是 m 行 n 列数据,逻辑上就像一个 m * n 的矩阵。

二维数组的定义格式如下:

类型名数组名[常量表达式 1][常量表达式 2];

其中,常量表达式 1 表示第一维长度,代表行数,常量表达式 2 表示第二维长度,代表每一行中的列数。

例如:

int a[3][4];   //定义一个二维数组 a,有 3 行 4 列、可存放 12 个 int 类型数据

2. 二维数组元素的引用

二维数组元素的引用格式为:

数组名[行下标][列下标]

行下标和列下标均可以是整型常量或整型表达式,下标的下限值均为 0。

二维数组的逻辑结构可通过图 2-27 来说明。

行下标 \ 列下标	第1列 0	第2列 1	…	第n列 n−1
第1行 0	a[0][0]	a[0][1]	…	a[0][n−1]
第2行 1	a[1][0]	a[1][0]	…	a[1][n−1]
⋮ ⋮	⋮	⋮	⋮	⋮
第m行 m−1	a[m−1][0]	a[m−1][0]	…	a[m−1][n−1]

图 2-27 二维数组的逻辑结构

例如:

```
a[3][4]            //表示数组 a 的第 4 行第 5 列的元素
a[i][j]            //表示数组 a 的第 i+1 行第 j+1 列的元素
printf("%d",a[0][0]);    //二维数组的每一个元素都可以作为一个变量来使用
scanf("%d",&a[1][1]);
```

注意:

定义数组时用的 int a[3][4]和引用元素时用的 a[3][4]是有区别的,前者表示定义

数组的维数和各维的大小即 3 行 4 列共 12 个数组元素；后者代表行下标为 3、列下标为 4 的元素（即第 4 行、第 5 列的元素）。

 程序示例1

```
//文件名：m2p3t3-ep1.cpp
#include<stdio.h>
void main()
{    int i,j,b[3][2];
    printf("please input the data:\n");
    for(i=0;i<3;i++)
    {    for(j=0;j<2;j++)
        scanf("%d",&b[i][j]);
    }
    printf("please output the data:\n");
    for(i=0;i<3;i++)
    {
        for(j=0;j<2;j++)
        printf("%2d",b[i][j]);
        printf("\n");
    }
}
```

程序分析：

该程序的功能是将输入的 6 个数据，按二维数组 3 行 2 列的形式输出。若输出结果以矩阵形式显示，可在每行数据输出结束后添加 printf("\n");以输出换行。

程序的运行结果为：

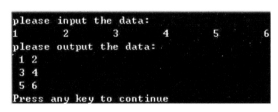

 小技巧

通过 scanf("%d",&b[i][j])对二维数组各元素赋值时，可以将多个数据连续一行输入，各数据之间用空格或 tab 键分隔；也可以按 m*n 的矩阵形式输入，每行中的数据之间用空格或 tab 键分隔，一行数据输入结束回车后继续，直到输入全部数据。

 **阶段检测1**

判断下列题目表述的正误，如有错误，说明理由并改正。

（1）int a[3,4];　　　　　　　　＿＿＿＿＿＿＿＿＿＿＿＿＿＿＿＿

（2）int a[2][3];　　　　　　　　＿＿＿＿＿＿＿＿＿＿＿＿＿＿＿＿

　　⋮

　　a[1][3]＝2;

（3）int a[2][3]与 a[2][3]是同一个概念;　　＿＿＿＿＿＿＿＿＿＿＿＿＿＿＿＿

（4）float a[0][0];　　　　　　　＿＿＿＿＿＿＿＿＿＿＿＿＿＿＿＿

（5）int k, a[k][1];　　　　　　　＿＿＿＿＿＿＿＿＿＿＿＿＿＿＿＿

知识准备2 二维数组的初始化

与一维数组一样,可以在定义二维数组的同时为各数组元素赋初值。

在 C 语言中,二维数组是按行排列的。即先存放第 1 行,再存第 2 行,…,最后存放第 m 行,所以初始化的格式为:

数组名［常量表达式 1］［常量表达式 2］＝｛初始化数据｝;

对二维数组初始化主要有两种形式,即全部赋初值和部分赋初值。

1. 全部元素赋初值

方法 1:分行赋初值,每一行的数据放在一对｛｝内,有几行就有几对｛｝。如:

int a[3][3] ＝ {{1,2,3},{4,5,6},{7,8,9}};

或

int a[ ][3] ＝ {{1,2,3},{4,5,6},{7,8,9}};

得到数组:

$$\begin{bmatrix} 1 & 2 & 3 \\ 4 & 5 & 6 \\ 7 & 8 & 9 \end{bmatrix}$$

方法 2:不分行赋初值,将所有数据全部放在一对｛｝内。如:

int a[3][3]＝{1,2,3,4,5,6,7,8,9};

或

int a[ ][3]＝{1,2,3,4,5,6,7,8,9};

说明:对二维数组进行全部初始化赋值时,可以省略行长度,也只可以省略行长度,编译系统会依据初始值自动计算行长度。

2. 对部分元素赋值

方法 1:每一行的数据放在一对｛｝内,数组元素从前向后取值,未赋值的元素自动赋值 0。如:

初始化形式	int a[3][4]={{1},{5},{9}};	int a[3][4]={{1},{5,6}};
数组各元素值	$\begin{pmatrix} 1 & 0 & 0 & 0 \\ 5 & 0 & 0 & 0 \\ 9 & 0 & 0 & 0 \end{pmatrix}$	$\begin{pmatrix} 1 & 0 & 0 & 0 \\ 5 & 6 & 0 & 0 \\ 0 & 0 & 0 & 0 \end{pmatrix}$

 程序示例2

```
//文件名：m2p3t3-ep2.cpp
//功能：将1～9分别初始化赋值给3×3的二维数组x,并输出对角线上的数据。
#include <stdio.h>
void main()
{    int i;
     int x[3][3]={1,2,3,4,5,6,7,8,9};
for(i=0;i<3;i++)
   {    for(j=0;j<3;j++)
        printf("%4d",x[i][j]);
        printf("\n");
   }
for (i=0; i<3; i++)
     printf("%d   ",x[i][i]);
}
```

程序的运行结果为：

```
   1   2   3
   4   5   6
   7   8   9
主对角线上的数据为：1  5  9
Press any key to continue
```

阶段检测2

(1) 对二维数组的定义正确的是(　　　)。

　　　A. int a[ ] [ ]={1,2,3,4,5,6};　　　　　　B. int a[2] [ ]={1,2,3,4,5,6};

　　　C. int a[ ] [3]={1,2,3,4,5,6};　　　　　　D. int a[2,3]={1,2,3,4,5,6};

(2) 已知 int a[3][4];则对数组元素引用正确的是(　　　)。

　　　A. a[2][4]　　　　　　　　　　　　　　　B. a[1,3]

　　　C. a[2][0]　　　　　　　　　　　　　　　D. a(2)(1)

(3) 若有说明：int a[ ][3]={{1,2,3},{4,5},{6,7}};则数组 a 的第一维大小为(　　　)。

　　　A. 2　　　　　　　　　　　　　　　　　　B. 3

　　　C. 4　　　　　　　　　　　　　　　　　　D. 无确定值

（4）写出下列程序的运行结果。

```cpp
//文件名：m2p3t3-test2-1.cpp
#include <stdio.h>
void main( )
{    int m[3][3]={{1},{2},{3}};
     int n[3][3]={1,2,3};
     printf("%d,", m[1][0]+n[0][0]);
     printf("%d\n",m[0][1]+n[1][0]);
}
```

 任务解决方案

步骤1：拟定方案

（1）输入数据，用二维数组存放数据，用两层循环和 scanf( )函数控制数据的输入；

（2）为了清晰显示结果，先以矩阵形式输出所有数据，用 printf("\n")；语句控制换行；

（3）统计不及格成绩的个数，计算12个成绩之和，在 for 循环内用 if 语句判断成绩是否小于60，若成立则累计个数；累计求所有同学各科成绩总和；

（4）输出结果，输出不及格成绩的个数及总和。

步骤2：确定方法

（1）定义数据变量。

序号	变量名	类型	作　　　用	初值	输入或输出格式
1	a	int[ ][ ]	存放12个成绩	—	scanf("%d",&a[i][j]);
2	i	int	外层循环变量，表示某个学生	—	—
3	j	int	内层循环变量，表示某科成绩	—	—
4	sum	int	存放12个成绩之和	0	printf("%d\n",sum);
5	count	int	存放不及格成绩数	0	printf("%d\n",count);

（2）画出程序流程图（图2-28）。

步骤3：代码设计

（1）编写程序代码

```cpp
//文件名：m2p3t3.cpp
#include <stdio.h>
int main(void)
{   int i,j,count=0,a[4][3],sum=0;
    printf("请输入小组4位学生的语文、数学、英语成绩:\n");
    for(i=0;i<4;i++)
    {   for(j=0;j<3;j++)
        scanf("%d",&a[i][j]);
    }
    printf("输出二维数组为:\n");
```

```
    for(i=0;i<4;i++)
    {   for(j=0;j<3;j++)
        printf("%4d",a[i][j]);
        printf("\n");
    }
    for(i=0;i<4;i++)
    {   for(j=0;j<3;j++)
        {if (a[i][j]<60) count=count+1;
            sum=sum+a[i][j];
        }
    }
    printf("本组不及格成绩数为:%d 个\n",count);
    printf("总分为:%d 分\n",sum);
    return 0;
}
```

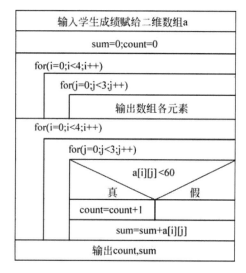

图 2-28　程序流程图

（2）设置测试数据

88 90 95 78 58 66 84 67 50 76 98 78 ↙

步骤 4：调试运行

程序的运行结果为：

```
请输入小组4位学生的语文、数学、英语成绩:
88 90 95 78 58 66 84 67 50 76 98 78
输出二维数组为:
  88  90  95
  78  58  66
  84  67  50
  76  98  78
本组不及格成绩数为:2个
总分为:928分
Press any key to continue
```

 **阶段检测3**

(1) 编写程序实现求两个 2 * 3 矩阵的和,将结果存放到矩阵中,程序运行时输入数据。

提示:矩阵求和是求两个矩阵各对应位置元素之和。

(2) 下面程序的功能是自动生成 9 个 10～99 的整数,并将其放在一个 3 * 3 的二维数组中。请你完善该程序,要求输出该二维数组主对角线(第 k 行第 k 列)上各元素以及这些元素的和。

```cpp
//文件名: m2p3t3-test3-2.cpp
#include <stdio.h>
#include <time.h>
#include <stdlib.h>
int main()
{
    int i,j,a[3][3];
    srand(time(NULL));
    //自动生成 10～99 的整数给二维数组 a
    for (i=0;i<3;i++)
    for (j=0;j<3;j++)
        a[i][j]=rand()%90+10;          //调用随机函数 rand()生成一个数
    //输出生成的 3 * 3 矩阵
    for(i=0;i<3;i++)
    {
        for(j=0;j<3;j++)
            printf("%4d",a[i][j]);
        printf("\n");
    }
    return 0;
}
```

课题 4

数据查找与排序

学 习 导 表

任 务 名 称	知 识 点	学 习 目 标
任务 1　数据查找	◇ 查找； ◇ 字符数组与字符串处理； ◇ 字符串处理函数gets()、puts()、strcmp()、strcpy()、strcat()、strlen()； ◇ 字符查找与数据查找	在 C 语言的编程过程中,查找与排序是经常用到的算法,而数值型数据和字符型数据又是两类最基本的数据类型。本课题的学习目标是： 1. 理解查找与排序的含义； 2. 知道数值查找的简单方法,并能用 C 程序实现数值查找； 3. 了解字符数组的含义,知道 C 语言中字符数据的存储与处理方法； 4. 知道字符串的表示； 5. 理解字符串结束标志的作用；
任务 2　数据排序	◇ 排序； ◇ 排序的常用方法； ◇ 数值排序的实现	6. 会使用常用的字符串处理函数进行字符查找； 7. 知道数据排序的常用方法,会使用一种以上的排序方法实现数值型数据的排序

任务1 数据查找

生活场景再现

生活中我们总会找人、找物、找价格、找很多想要的东西,当然找的方法会有很多种,有了网络以后,我们依然如此,只是找的方式、手段、途径不同了。图2-29所示的页面你一定用过,我们用它们找联系人、找网站、找物品等,许多想找的在网络上几乎全能找到,而这些归根结底就是搜索,又称查找。

(a) QQ查找

(b) 百度搜索

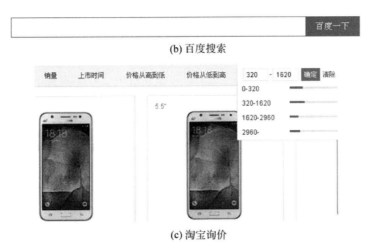

(c) 淘宝询价

图2-29 生活中的查找实例

试想一下,生活中如果让你找一个人的电话,你将如何找? 如果让计算机来找,它又该如何进行? 想必你也一定看过江苏卫视的"蒙面歌王"或者中央电视台财经频道的"购物街",其中都有这样一个环节——猜,你在观看时,有没有参与竞猜呢?

任务要求

依据"生活场景再现"中展示的内容,设计一个程序,从给定的一组QQ号(或手机号)中查找某一个QQ号(或手机号)是否在你的联系人中。

任务分析

无论是 QQ 号还是手机号,都是由数字组成的,我们可以将其看成是数值,也可以将其看成是由字符组成的字符串。在 C 语言中,由于数值型数据与字符串在计算机中的存储方式有所不同,因此在程序设计时也就有不同的方式。

要想实现任务,首先,确定找什么,其次确定从哪里查找,最后确定用什么方法找。即:

(1) 找什么   已知的一个 QQ 号;

(2) 从哪里找   已有的多个 QQ 号;

(3) 用什么方法找   从前向后依次找。

观察思考1

阅读下列两个程序,说出两个程序的不同之处,并调试运行,说说程序的功能。

程序 A:

```
//文件名: m2p4t1-ex1-A.cpp
#include <stdio.h>
void main()
{
    int a[8]={2,4,12,67,23,45,1,9};
    int i,m;
    m=a[0];
    for (i=1;i<8;i++)
        if (m<a[i])
            m=a[i];
    for (i=0;i<8;i++)
        printf("%5d",a[i]);
    printf("\n");
    printf("该组数中最大的是: %d\n",m);
}
```

程序 B:

```
//文件名: m2p4t1-ex1-B.cpp
#include <stdio.h>
void main()
{
    int a[8]={2,4,12,67,23,45,1,9};
    int i,m;
    m=a[0];
    for (i=7;i>1;i--)
        if (m<a[i])
            m=a[i];
    for (i=0;i<8;i++)
        printf("%5d",a[i]);
    printf("\n");
    printf("该组数中最大的数是: %d\n",m);
}
```

知识准备1 数值型数据的查找

1. 查找的含义

"查找"就是在一个含有众多数据元素的查找表中找出某个特定数据的过程。如"观察思考1"中从 8 个整数中找出最大的一个。查找表可以看作是由同一类型的数据元素构成的数据集合。

通常,若在查找表中找到某个特定的数据,则称查找是成功的;若查找表中没有找到某个特定的数据,则称查找不成功。

查找的方法有很多种,如顺序查找法、折半查找法等。

2. 顺序查找

查找方法:从数组的一端开始,逐个将数组的每个元素值和欲查找的数据进行比较,如果二者相等,则称查找成功;否则,则称查找失败。

 程序示例1

```
//文件名: m2p4t1-ep1.cpp
#include <stdio.h>
void main()
{
    int a[8]={2,4,12,67,23,45,1,9};
    int i,x;
    for (i=0;i<8;i++)
        printf("%5d",a[i]);
    printf("\n 请输入你想找的数:");
    scanf("%d",&x);
    for (i=7;i>=0;i--)
        if (x==a[i])
            break;                   //找到,退出循环,终止查找过程
    if (i>=0)
        printf("你找的数在第%d 个位置.\n",i+1);
    else
        printf("你找的数不在此表中。\n");
}
```

程序的运行结果为:

```
         2     4    12    67    23    45     1     9
请输入你想找的数:45
你找的数在第6个位置。
Press any key to continue_
```

 阶段检测1

请修改 m2p4t1-ep1.cpp 程序,使之可以实现从前向后查找。

 观察思考2

(1) 说出 int a;与 int a[10];的区别。

(2) 请为 char a[10];与 int ch[10];分别初始化 5 个元素值。

 知识准备2　字符数组

数组可以是数值型,也可以是字符型或结构体类型,如果是数值型数组,那么数组的

每个数组元素存放的则是一个数值型（整型或实型）数据,若要数组的每个数组元素存放一个字符型数据,那么,就可以将数组定义为 char 类型,数组就称为字符数组。

1. 字符数组的定义及初始化

字符数组的定义与数值型数组的定义方法相同。对字符数组进行初始化时,只要用字符型常量代替数值型常量即可。

（1）指定全部元素的初始值

定义一维字符数组并全部初始化时,可用:

char ch[3]={'B','O', 'Y'};

作用:定义 ch 为字符数组,数组长度为 3,3 个数组元素的值分别为'B'、'O'、'Y'。

定义二维字符数组并全部初始化时,可用:

char ch[3][3]={{ '-', ' * ', '-'},{ ' * ','-', ' * '},{'-', ' * ', '-'}};

或

char ch[3][3]={'-', ' * ', '-',' * ','-', ' * ','-', ' * ', '-'};

（2）指定部分元素的初始值

对于一维字符数组,可用:

char name[10]={'J','a', 'c', 'k'};

作用:定义 name 为字符数组,数组长度为 20,初始化时只对前 4 个数组元素赋初值,即 name[0]～name[3]的值分别为'J'、'a'、'c'、'k'。

对于二维字符数组,可用:

char qq[10][9]={{ '7','9', '2', '0', '3', '0', '1'}};

此声明的作用是:定义 qq 为字符数组,数组长度为 10 * 9＝90,共有 10 行、9 列,初始化时只对第一行的前 7 个数组元素赋初值,即 qq[0][0]～qq[0][6]的值分别为'7'、'9'、'2'、'0'、'3'、'0'、'1'。

能力拓展

C 语言中,对数组进行初始化时一维数组可以省略数组长度,二维数组只可以省略第一维的长度,若省略,则由系统自动按初值个数确定数组长度。

```
char ch[]={'B','O', 'Y'}; //数组长度省略时,系统自动依据初值个数确定数组长度,即 3
char ch[][3]={{ '-', ' * ', '-'},{ ' * ','-', ' * '},{'-', ' * ', '-'}};    //只有第一维的长度可
                                                                            以省略,即 3
```

以下三种方式均是不合法的:

```
char ch[];
char qq[10][]={{ '7','9', '2', '0', '3', '0', '1'}};
char qq[][]={{ '7','9', '2', '0', '3', '0', '1'}};
```

2. 字符数组的引用

数组名[下标]　　　　　　（一维数组元素）

数组名[行下标][列下标]　（二维数组元素）

 程序示例2

```
//文件名：m2p4t1-ep2.cpp
//功能：打印输出如下图案
```

```
#include <stdio.h>
void main()
{
char ch[5][5]={{ '-','-',' * ','-','-'},{'-',' * ','-',' * ','-'},{' * ','-','-','-',' * '},{'-',
' * ','-',' * ','-'},{ '-','-',' * ','-','-'}};
int i,j;
for (i=0;i<5;i++)
    {   for (j=0;j<5;j++)
            printf("%c",ch[i][j]);
        printf("\n");
    }
}
```

 阶段检测2

下列两个程序都是从一个字符数组中查找是否存在空格,若有空格,则显示找到的空格所在的位置,若不包含空格,则显示"该字符数组不包含空格!"。请说明两个程序有什么不同。

程序1

```
//文件名：m2p4t1-test2- A.cpp
#include <stdio.h>
void main()
{
    char a[13]={'I',' ','l','o','v','e',' ','m','u','s','i','c','!'};
    int i;
    for (i=0;i<13;i++)
        printf("%c",a[i]);
    printf("\n");
    for (i=0;i<13;i++)
        if (a[i]==' ')
            {
```

```
                printf("空格在第%d个位置。\n",i+1);
                break;                //找到,退出循环,终止查找过程
                }
        if (i<0)
            printf("该字符数组不包含空格!\n");
}
```

程序2

```
//文件名:m2p4t1-test2-B.cpp
#include <stdio.h>
void main()
{
    char a[13]={'I',' ','l','o','v','e',' ','m','u','s','i','c','!'};
    int i,c=0;                              //c统计空格出现的次数
    for (i=0;i<13;i++)
        printf("%c",a[i]);
    printf("\n");
    for (i=0;i<13;i++)
        if (a[i]==' ')
        {
            printf("空格在第%d个位置。\n",i+1);      //找到,显示所在位置
            c=c+1;
        }
    if (c==0)
        printf("该字符数组不包含空格!\n");
}
```

知识准备3　字符串与字符数组

字符串是由一对双引号括起来的多个字符。在C语言中,没有专门为字符串设置类型,但字符串可以通过字符数组来处理。

1. 利用字符串为字符数组初始化赋值

若想将字符串"I love music!"存放在一个变量中,那么可以先定义一个字符数组c1,并将该字符串初始化赋值给数组变量c1,可采用以下形式:

char c1[50]={"I am a boy"};

等价于

char c1[50]="I am a boy";

char c1[]={"I am a boy"};

等价于

char c1[]="I am a boy";

特别提醒:

若省略数组长度时,系统自动将字符串长度+作为数组的长度。

char c1[ ]="I am a boy";

等价于

char c1[11]="I am a boy";

若将其写为：

char c1[10]="I am a boy";

则会出现语法错误,错误信息"error C2117：'I am a boy'：array bounds overflow。",即说明数组溢出。

2. 字符串结束标志

由于 C 语言将字符串作为字符数组来处理,为了准确知道字符串何时该结束,C 语言规定,任何一个字符串都以'\0'作为串结束标志,且为'\0'分配一个字节的存储单元,所以字符串所占存储空间的大小为字符串长度＋1,那么数组的长度也是字符串长度＋1。

特别强调,以下两种方法是不同的：

char c1[ ]={"I am a boy"};
char c2[ ]={'I',' ','a','m',' ','a',' ','b','o','y'};

由于字符串"I am a boy"包含一个'\0'串结束标志,因此字符串长为 10,但数组 c1 长度为 11,即 c1 在内存中数据存储形式如下：

c1[0]	c1[1]	c1[2]	c1[3]	c1[4]	c1[5]	c1[6]	c1[7]	c1[8]	c1[9]	c1[10]
I		a	m		a		b	o	y	\0

而字符数组 c2 的长度为 10(仅为 10 个字符,无串结束标志,也不称为字符串),在内存中数据存储形式如下：

c2[0]	c2[1]	c2[2]	c2[3]	c2[4]	c2[5]	c2[6]	c2[7]	c2[8]	c2[9]
I		a	m		a		b	o	y

在 C 语言中,通常用字符数组与字符串相结合来处理字符数据。

3. 字符数组的输入与输出

使用 scanf()、printf()函数时,字符数组的输入与输出有以下两种方法。

方法 1：逐个字符输入输出,用格式声明中的"%c"格式来进行;

方法 2：将整个字符串一次性输入输出,用格式声明中的"%s"格式来进行。

通常采用方法 2,因为输入时,系统会自动在结尾添加串结束标志'\0',而在输出时,系统遇到'\0'则结束。'\0'通常也用于判断字符串是否结束。

 程序示例3

//文件名：m2p4t1-ep2.cpp
//功能：从键盘输入两个字符串分别给字符数组 c1、c2,然后输出两个字符串,先输入的后输出,后输入的先输出

```
#include <stdio.h>
void main()
{
char c1[10],c2[10];
scanf("%s%s",c1,c2);
printf("%s\n%s\n",c2,c1);
}
```

程序的运行结果为:(运行后输入 a123　b321↙)

```
a123 b321
b321
a123
Press any key to continue
```

知识拓展

(1) 使用 scanf()函数的格式声明"%s"输入字符串时,应注意以下事项。

① 地址表列中直接使用字符数组名,如:scanf("%s",c1)。

② 使用一个 scanf()函数输入多个字符串给多个字符数组时,使用以下形式:

scanf("%s%s",c1,c2);

输入时用空格、回车或 tab 分隔(不能用其他字符分隔,否则会出现错误赋值情况)。

③ 不要在格式声明中使用其他普通字符,否则输入时,普通字符也作为字符串的一部分,而会出现数据赋值错误。如:

scanf("%s,%s",c1,c2);或 scanf("%s;%s",c1,c2);

因为语句中格式声明"%s,%s"中的逗号或"%s;%s"中的分号而影响数据的正确赋值。

④ 输入时,系统会自动在最后一个字符之后添加'\0'。

⑤ 输入时,若输入的字符串长度小于字符数组的长度,则系统自动将后续数组元素赋值为'\0';若输入的字符串长度大于或等于数组长度,则系统会出错。因此,尽可能在定义数据时将数组长度设置为一个较大的值。

(2) 使用 printf()函数的格式声明"%s"输出字符串或字符数组时,应注意以下事项:

① 输出时遇'\0'则结束一个串,输出的字符不包括'\0'。

② 输出时输出表项是字符数组时,则直接使用数组名。

阶段检测3

说说下列用法正确与否,若不正确,请改正。

(1) char c[]="music";

(2) char c[3]="love";

（3）char c[20]；
　　scanf("％s",＆c)；

（4）char c[20]＝"I"；
　　printf("％s",c)；

（5）char c[20],s[10]；
　　scanf("％s ％s",c[0],s[0])；

知识准备4　字符串处理函数

1. 字符串输入函数 gets( )

一般调用形式：

gets(str)；

str 只能是字符数组（或指针）。

功能：输入字符串到字符数组 str,并且得到一个函数值。该函数值是字符数组的起始地址。

例如：

charstr[10]；
gets(str)；

2. 字符串输出函数 puts( )

一般调用形式：

puts(str)；

功能：从 str 指定的地址开始,依次输出存储单元中的字符,直到遇到字符串结束标志第 1 个 '\0'字符为止。

ANSI 标准要求在使用字符串处理函数时,要包含头文件"string. h"。

printf()函数和 puts()函数都可以输出字符串,二者在使用上稍有不同：

① puts()函数调用一次只能输出一个字符串,而 printf()函数调用一次可以输出多项；

② puts()函数只能输出字符串,且不需要格式控制符,而 printf()函数通过格式控制字符可以输出任意类型的数据；

③ puts()函数输出一个字符串后自动换行,而 printf()函数要想换行必须在格式声明中通过转义字符'\n'实现。

3. 字符串比较函数

一般调用形式：

strcmp(str1,str2)

功能：调用函数对字符串 str1 和 str2 进行比较,其中,str1 和 str2 可以是字符数组,也可以是字符串常量。函数将返回一个整型值。

比较规则：对两个字符串自左至右逐个字符相比（按 ASCII 码值大小比较），直到出现不同字符或遇到 '\0' 为止。如全部字符相同,则认为相等；若出现不相同的字符,则以第一个不相同的字符比较结果为准,函数返回值如下：

strcmp(str1,str2)　　返回值
str1 < str2　　　　　<0
str1 = str2　　　　　=0
str1 > str2　　　　　>0

提示：对两个字符串比较,不能用：

if (str1 == str2)　printf("yes");

而只能用：

if (strcmp(str1,str2) == 0)　printf("yes");

或

if (!strcmp(str1,str2))　printf("yes");

 任务解决方案

步骤 1：拟定方案

任务 A：用数值型数据表示 QQ 号

（1）从哪里查找——设定查找表（已有的多个 QQ 号）,用长整型数组。

long qq[10];

（2）找什么——输入给定值（已知的 QQ 号）,用长整型变量。

long x;

（3）用什么方法找——顺序查找。

从前向后逐个将 qq[i](i=0,…,n) 与 x 比较,若相等则查找成功,终止比较。
直到比较完所有元素,若都不相等,则查找失败。

任务 B：用字符串表示 QQ 号

（1）从哪里查找——设定查找表（已有的多个 QQ 号）,用二维字符型数组。

char qq[10][12];

表示给定 10 个 QQ 号,每个 QQ 号用 11 个字符表示（含串结束标志 '\0'）,每一行代表一个联系人的 QQ 号,输入时可用 gets(qq[i])(i=0,…,9)。

（2）找什么——输入给定值（已知的 QQ 号）,用字符数组。

char x[9];

（3）用什么方法找——顺序查找。

从前向后逐个将 qq[i](i=0,…,n) 与 x 比较,若相等则查找成功,终止比较。

直到比较完所有元素,若都不相等,则查找失败。

步骤2：确定方法(以任务B为例)

(1) 定义数据变量。

序号	变量名	类型	作　用	初值	输入或输出格式
1	qq	char[ ][ ]	存放查找表,即已有的QQ号	—	gets(qq[i]);
2	x	char[ ]	存放给定值,即欲查找的QQ号	—	gets(x);
3	i	int	控制循环变量,控制比较次数	—	—

(2) 画出程序流程图(图2-30)。

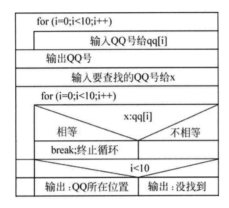

图2-30　程序流程图

步骤3：代码设计

(1) 编写程序代码

```cpp
//文件名：m2p4t1-B.cpp
#include <stdio.h>
#include <string.h>
void main()
{
    char qq[10][12];
    char x[12];
    int i;
    for (i=0;i<10;i++)
        gets(qq[i]);                  //输入已有的QQ号,假设10个
    for (i=0;i<10;i++)
    {
        printf("%s\t",qq[i]);         //输出每个QQ号
        if ((i+1)%5==0)               //输出5个后换一行
            printf("\n");
    }
    printf("\n请输入你想找的QQ号:");
    gets(x);
    for (i=0;i<10;i++)
        if (!strcmp(x,qq[i]))         //比较x与qq[i]
            break;                    //找到,退出循环,终止查找过程
```

```
        if (i<10)
            printf("你找的 QQ 号在第%d 个位置。\n",i+1);
        else if(i==10)
            printf("没找到。\n");
    }
```

（2）设置测试数据

1234   3456   6789   9874   6541   3214   3698   2587   1478   4569↙

步骤 4：调试程序

程序的运行结果为：

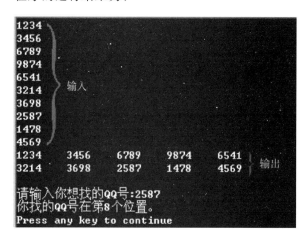

阶段检测4

（1）若将程序 m2p4t1-B.cpp 中加粗的部分改为用 puts() 实现，程序要如何改，程序输出结果将会有什么不同？

（2）请按任务 A 拟定的解决方案，写出相应的程序，并调试运行。

（3）请设计一个 C 程序，从输入的一串字符中，找出所有元音字母在串中的位置。

任务2　数据排序

生活场景再现

2015 年 7 月 31 日晚，北京成功获得 2022 年第 24 届冬季奥运会的举办资格，你兴奋吧？看到图 2-31 你是否回想起了 2008 年奥运会的成功，开幕式的震撼、奖牌数的骄傲？那么，你知道开幕式上各个国家、地区的运动员入场顺序是怎样的？有没有规则？什么样的规则？奖牌榜的顺序又是按照什么样的规则排列的呢？

开幕式上，除东道主最后一个出场外，其余各个国家、地区的运动员入场顺序依据举

(a) 开幕式

排名	国家/地区	金牌	银牌	铜牌	总数
1	中国	51	21	28	100
2	美国	36	38	36	110
3	俄罗斯	23	21	29	73
4	英国	19	13	15	47
5	德国	16	10	15	41
6	澳大利亚	14	15	17	46
7	韩国	13	10	8	31
8	日本	9	6	11	26
9	意大利	8	9	10	27
10	法国	7	16	17	40

完全奖牌榜 截止8月24日 17:26:11

(b) 金牌榜(前十名)

图 2-31 奥运会

办国的不同有不同规则。2008 年中国举办的夏季奥运会,开幕式是依照 204 个代表团名称的简化汉字笔画顺序进行排列(以中国翻译的第一个汉字的笔画为准),举办国若为英语国家通常是以各个代表团所在国家或地区的英文名字的字母顺序进行排列。

金牌榜的排列顺序则毫无疑问是按照金牌数量从多到少进行排列。

依据"生活场景再现"中展示的内容,请设计一个 C 程序,实现对一组数据进行排序。排序的内容可以是数值,也可以是字符串。

任务 A:按照金牌的数量从多到少排列金牌榜;

任务 B:按照国家或地区英文名字的字母顺序从小到大显示代表队的入场顺序。

通过任务 1 的学习,我们知道,若要处理多个字符串,则需要二维数组,若要处理多个

数值型数据(如整型),只要一维数组就能实现。因此任务 A 相对简单,只要对一维数组中存放的一组数进行排序即可。

若要按国家或地区的英文名字进行大小比较并排列出一个顺序,则涉及字符串的输入、输出、比较、赋值(又称字符串复制)等操作,所以需要用到 string. h 库文件所提供的字符串处理函数。

任务 A:

(1) 输入排序前的一组正整数,如金牌数;

(2) 确定排序方法并排序;

(3) 输出排序后的结果。

任务 B:

(1) 输入排序前的一组字符串,用二维字符数组来存放,一行代表一个字符串,如国家或地区的英文名字;

(2) 确定排序方法并排序;

(3) 输出排序后的结果。

观察思考

(1) 如何给某一个数组变量输入一串字符?假设字符串为:"Life's a climb, but the view is great."。

(2) 如果有一个字符数组 name[10],如何将该字符数组中的字符串输出?

(3) 如果想将字符串"Life's a climb, but the view is great."赋值给某一个已定义了的数组变量 char text[50],该如何做?

知识准备1   字符串处理函数

C 语言中没有提供对字符串进行操作的运算符,但在 C 语言的函数库中,提供了一些用来处理字符串的函数。这些函数使用起来方便、可靠,包括字符串的赋值、合并、连接和比较等。常用字符串处理函数见表 2-5。

表 2-5   常用字符串处理函数

函 数 形 式	功　　能	举　　例	说　　明
gets(str)	从键盘输入一个字符串给字符数组	gets(ch1);	
puts(str)	输出一个字符串	puts(ch2);	
strcpy(str1,str2)	字符串赋值	strcpy(ch1,"boy");	将"boy"赋给 ch
		strcpy(ch1,ch2);	将 ch2 的值赋给 ch1

续表

函 数 形 式	功　　能	举　　例	说　　明
strcmp(str1,str2)	字符串比较,两个串相等,则函数值为 1,若 str1＞str2,则函数值为正整数,若 str1＜str2,则函数值为负整数	strcmp(ch1,"boy");	比较字符数组 ch 的值与"boy"的大小
		strcmp(ch1,ch2);	比较两个字符数组 ch1 与 ch2 的值
strlen(str)	求字符串长度	l＝strlen(ch2);	求字符数组 ch2 的字符串长度

若有：char ch1[20]＝"boy", ch2[20]＝"bye";

1. 求字符串长度函数 strlen( )

格式：

strlen(str);

功能：用于计算字符串 str 的长度,即计算字符串 str 中字符的个数(不包括 '\0'),并将字符的个数作为函数的返回值。例如：

printf("％d", strlen("I like shopping"));

输出结果为 15。

2. 字符串复制函数 strcpy( )

格式：

strcpy(str1, str2);

其中,str1 必须为字符数组,str2 可以是字符数组或字符串常量。

功能：将 str2 的内容复制到字符数组 str1 中。例如：

char s1[10];
strcpy(s1,"China");　　　//将字符串"China"复制到数组 s1 中。
strcpy(s1,s2);　　　　　//把字符数组 s2 的值赋给字符数组 s1。

说明：

① 字符数组 str1 必须定义得足够大,以便容纳被复制的字符串。

② 新串只在最后保留一个'\0'。

③ 不能用赋值语句将一个字符串常量或字符数组直接赋给另一个字符数组。

如：

s1＝{"China"};　　　　//不合法
s1＝s2;　　　　　　　//不合法

阶段检测Ⅰ

(1) 阅读程序,写出运行结果。

//文件名：m2p4t2-test1-1.cpp
＃include ＜stdio.h＞

```
#include <string.h>
void main()
{
charstr[10]={"china"};
intn;
n=strlen(str);
printf("%s 的长度是%d。", n);
}
```

（2）阅读程序，写出运行结果。

```
//文件名：m2p4t2-test1-2.app
#include <stdio.h>
#include <string.h>
main()
{ char a[6]="abc",b[6]="abcd";
    if (strcmp(a, b)>0)
    printf("%s>%s\n",a,b);
    elseif (strcmp(a, b)<0)
    printf("%s<%s\n",a,b);
    else
    printf("%s=%s\n",a,b);
}
```

（3）请指出下列程序段中的错误。

```
//文件名：m4p2t2-test1-3.cpp
#include <stdio.h>
void main()
{char s2[]= '' abcde '';
char s1[10];
s1=s2;
printf('' %s\n'',s1);
}
```

知识准备2　排序

无论何种数据，排序的方式有两种，一种是升序排序，按数值或字符串的大小从小到大排列；另一种是降序排序，按数值或字符串的大小从大到小排列。

若对一组数进行排序，可选择的排序方法有很多，常用的有冒泡排序、选择排序等。

冒泡排序是一种最简单的排序方法，冒泡法排序由于与气泡在水中不断往上冒的情况类似而得名，即气泡大，浮力大，因此排在上，气泡小，浮力小，所以排在下，如图 2-32 所示。

冒泡排序的基本方法是比较两个相邻的数，若为逆序则交换。

图 2-32　水中往上冒的气泡

其排序思路如下(以降序为例):

从第一个数开始,每次比较相邻的两个数,将大数放在前、小数放在后(即交换两个数的位置),直到比较到最后两个数,经过一趟比较后,最小的数排在最后;依照此方法重复多次。

假如有:

int a[5]={1, 5,9,3,8}

若按由大到小的排序规则对数组 a 中的数据进行排序,其排序过程如下。

第一趟排序 ——最小的数排在倒数第一位

序号	比较(相邻两个数)					交换(若逆序)				
	a[0]	a[1]	a[2]	a[3]	a[4]	a[0]	a[1]	a[2]	a[3]	a[4]
第一次	1←→5	9	3	8		5	1	9	3	8
第二次	5	1←→9	3	8		5	9	1	3	8
第三次	5	9	1←→3	8		5	9	3	1	8
第四次	5	9	3	1←→8		5	9	3	8	1

第二趟排序 ——第二小的数排在倒数第二位

序号	比较(相邻两个数)					交换(若逆序)				
	a[0]	a[1]	a[2]	a[3]	a[4]	a[0]	a[1]	a[2]	a[3]	a[4]
第一次	5←→9	3	8	1		9	5	3	8	1
第二次	9	5	3	8	1	9	5	3	8	1
第三次	9	5	3←→8	1		9	5	8	3	1
					1					

第三趟排序 ——第三小的数排在倒数第三位

序号	比较(相邻两个数)					交换(若逆序)				
	a[0]	a[1]	a[2]	a[3]	a[4]	a[0]	a[1]	a[2]	a[3]	a[4]
第一次	9	5	8	3	1	9	5	8	3	1
第二次	9	5←→8	3	1		9	8	5	3	1
			3	1				3	1	
			1					1		

第四趟排序 ——第四小的数排在倒数第四位

序号	比较(相邻两个数)					交换(若逆序)				
	a[0]	a[1]	a[2]	a[3]	a[4]	a[0]	a[1]	a[2]	a[3]	a[4]
第一次	9	8	5	3	1	9	8	5	3	1
		5	3	1			5	3	1	
		3	1				3	1		
		1					1			

由上面的排序过程,我们可以得出:

① 对 5 个数排序要进行 4 趟比较、交换;

② 第一趟,相邻两个数比较,需要比较 4 次,至多进行 4 次交换;

第二趟,相邻两个数比较,需要比较 3 次,至多进行 3 次交换;

第三趟,相邻两个数比较,需要比较两次,至多进行两次交换;

第四趟,相邻两个数比较,需要比较 1 次,至多进行 1 次交换。

因此,可以推知,n 个数进行降序排序,则:

① 对 n 个数排序要进行 n−1 趟比较、交换;

② 第一趟,相邻两个数比较,需要比较 n−1 次,至多进行 n−1 次交换;

第 m 趟,相邻两个数比较,需要比较 n−m 次,至多进行 n−m 次交换(m<n−1);

第 n−1 趟,相邻两个数比较,需要比较 1 次,至多进行 1 次交换。

 任务解决方案

步骤 1:拟定方案

任务 A:

(1) 输入排序前的一组正整数,用一维整型数组 jp[]来存放;

(2) 确定排序方法并排序,用冒泡排序进行降序排序;

(3) 输出排序后的结果 jp[]。

任务 B:

(1) 输入排序前的一组字符串,用二维字符数组 gj[][]来存放,一行代表一个名字,假设国家或地区的名字不超过 20 个字符;

(2) 确定排序方法并排序,用冒泡排序进行降序排序;

(3) 输出排序后的 gj[]结果。

步骤 2:确定方法(以任务 A 为例)

(1) 定义数据变量。

序号	变量名	类型	作　　用	初值	输入或输出格式
1	jp	int[]	存放代表队所获金牌数	—	scanf("%d",&jp[i]); printf("%d",jp[i])
2	i	int	外层循环控制变量,控制趟数	—	—
3	j	int	控制每一趟比较次数及相邻两数	—	—
4	t	int	中间变量,用于暂时存放其中一个数	—	—

（2）画出程序流程图（图 2-33）。

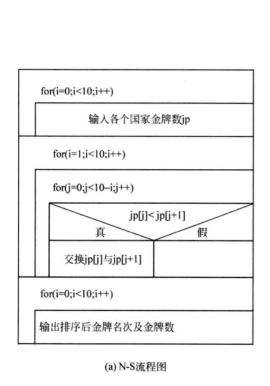

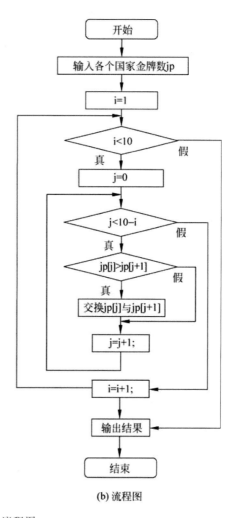

(a) N-S流程图　　　　　　(b) 流程图

图 2-33　程序流程图

步骤 3：代码设计（以任务 A 为例）

（1）编写程序代码。

```
//文件名：m2p4t2-A.cpp
#include <stdio.h>
#include <string.h>
void main()
{
  int jp[10],t;
  int i,j;
  for(i=0;i<10;i++)
    scanf("%d",&jp[i]);
  for(i=1;i<10;i++)
  {
    for(j=0;j<10-i;j++)
```

```
        if (jp[j]<jp[j+1])
     {
        t=jp[j];
        jp[j]=jp[j+1];
        jp[j+1]=t;
        }
        }
     puts("=======金牌榜=========");
     puts("==名次======金牌数====");
     for(i=0;i<10;i++)
      printf("%4d\t%10d\n",i+1,jp[i]);
     }
```

（2）设置测试数据。

12 34 24 56 72 58 90 15 43 60↙

步骤4：调试运行

程序的运行结果为：

China↙
Germany↙
Russia↙
France↙
USA↙

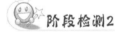 **阶段检测2**

（1）若要按升序排列，那么程序该如何修改？
（2）仿照任务 A，按任务 B 的要求编写一个程序。

📖 **能力拓展**

（1）用 scanf()和 printf()函数也可以输入、输出字符串。值得注意的是，scanf()
在接收输入字符串时，仅当按回车、空格或 Tab 键后才结束。另外，在 scanf()语句中，

不允许有空格字符,因为 scanf()接收到空字符时,就认为是输入结束,其后的其他字符将被丢弃。如:

```
char str[13];
scanf("%s",str);
```

输入数据:

How are you?

结果:仅"How"被输入数组 str。

为克服这个问题,C 语言提供了 gets()和 puts()函数来处理字符串的输入和输出。

(2) C 语言允许把一个二维数组看成是个一维数组的一维数组。

(3) 依据以下程序的功能,将程序补充完整。

```
//文件名:m2p4t2-test2.cpp
//功能:用"冒泡法"将输入的字符串按从大到小的顺序排序并输出结果。假设是有 10 个字符的
字符串,每个字符串的长度不超过 8 个字符
#include<stdio.h>
#define N 10
#include<string.h>
void main()
{
    char str[N][9],temp[9];
    int i,j;
    printf("请输入要排序的字符串:\n");
    for(i=0;i<N;i++)
        _____①_____
    for(j=1;j<N;j++)
        for(i=0;i<N-j;i++)
            if(_____②_____)
            {
                strcpy(temp,str[i]);
                _____③_____
                strcpy(str[i+1],temp);
            }
    printf("排序后的字符串:\n");
    for(i=0;i<N;i++)
        puts(str[i]);
}
```

学 习 检 测

1. 填空题

(1) for(i=1;i<10;i++)的循环次数为_____次。

(2) 执行程序段后,变量 x 的值是_____,变量 s 的值是_____。

```
s=0;
for(x=2;x<10;x+=3)
    s++;
```

(3) 以下程序段共循环_____次。

```
for(i=0;i<4;i++)
    for(j=5;j>=1;j-=2)
    { ... }
```

(4) 一个 C 语言程序可以由一个_____构成或由一个_____和若干个其他函数构成,运行时由_____开始。

(5) C 语言数组的下标下限是_____,上限是_____。

(6) C 语言规定,字符串的结束标志为_____。

2. 根据程序功能填空

(1) 从键盘输入若干学生的成绩,统计并输出最高成绩和最低成绩,当输入负数时结束输入。

```
#include <stdio.h>
void main( )
{ float s,max,min;
    scanf("%f",&s);
    max=___①___; min=s;
    while(___②___)
    { if(s>max) max=s;
        if(___③___) min=s;
        scanf("%f",&s);
    }
    printf("\nmax=%f\nmin=%f\n",max,min);
}
```

(2) 从键盘输入整数,统计其中大于 0 的整数的和以及小于 0 的整数的个数,分别用变量 i,j 进行统计,用整数 0 结束循环。

```
#include <stdio.h>
void main( )
{ int n,i,j;
```

```
    i=j=0;
    scanf("%d",&n);
    while    ①
    { if(n>0)    ②
        else if(n<0)    ③
            scanf("%d",&n);
    }
    printf("i=%d,j=%d\n",i,j);
}
```

（3）本程序打印如下形式的杨辉三角（6*6）。

```
1
1    1
1    2    1
1    3    3    1
1    4    6    4    1
1    5    10    10    5    1
```

```
#include <stdio.h>
void main()
{
int i,j,a[6][6];
    ①
{
    a[i][0]=1;
    a[i][i]=1;
}
for (i=2;i<6;i++)
    for (j=1;j<i;j++)
        a[i][j]=    ②
for (i=0;i<6;i++)
{
    for (j=0;j<=i;j++)
    printf("%6d",a[i][j]);
    ③
}
}
```

3. 阅读程序写结果

（1）程序 1

```
#include <stdio.h>
void main()
{
    int a[6]={2,4,6,8,10,12};
    int i;
    for (i=0;i<6;i++)
```

```
        a[i]+=10;
     for (i=0;i<6;i++)
        printf("%4d",a[i]);
}
```

（2）程序 2

```
#include <stdio.h>
#include <string.h>
void main()
{
     char s[10]="Beijing",t[10];
     gets(t);
     if (strcmp(s,t)<0)
          strcpy(t,s);
     puts(t);
}
```

运行后输入 Xi-an↙。

4. 编程实现

（1）求正整数 n 的阶乘 n!，其中 n 由用户输入。

（2）输出以下图形。

```
*
**
***
```

（3）利用数组输出 20 以内的奇数，并进行求和。

（4）一个小组有 5 个学生的成绩，要求输入这 5 个成绩，并找出其中的最高分。

（5）有 3 个学生，上 4 门课，要求输入全部学生各门课的成绩并分别求出每门课的平均成绩。

模块 **3**

程序设计之模块设计

课题 **1**

函数设计及使用

学习导表

任务名称	知识点	学习目标
任务 1　字符图形输出	◇ 函数的分类； ◇ 函数的构成； ◇ 函数的定义与调用； ◇ 无返回值的函数定义与调用	模块化程序设计的基础是函数的使用，本课题以函数的定义与调用、函数模块之间的数据传递为重点内容，详细讲解模块化程序设计方法。本课题的学习目标是： 　1. 了解函数的分类及常用的系统函数； 　2. 清楚知道函数的构成要素； 　3. 能依据功能要求正确定义函数；
任务 2　温度转换	◇ 有返回值的函数定义及调用； ◇ 形式参数与实际参数； ◇ 模块间数据传递方式——值传递	4. 清楚知道函数的调用方法； 　5. 理解形参与实参之间的对应关系； 　6. 正确使用函数类型与函数的返回值；
任务 3　密码生成与加密	◇ 模块间数据传递方式——地址传递； ◇ 数组元素作实参进行值传递； ◇ 数组名作参数进行地址传递； ◇ 函数的声明； ◇ 函数声明与函数定义的区别	7. 熟练运用模块间的值传递形式； 　8. 会用数组名作参数进行数据传递； 　9. 理解函数定义与函数声明的作用与不同； 　10. 了解函数的递归调用与嵌套调用形式；
任务 4　斐波那契数列的生成	◇ 函数的嵌套调用； ◇ 函数的递归调用	11. 了解嵌套调用与递归调用的应用

任务1　字符图形输出

生活场景再现

　　在当今生活中,你可以从任何地方、通过任何方式,按照你想要的款式、功能、颜色、配件等来购买相机、汽车等,就如图 3-1(a)、(b)所示的那样,你可以任意选择你喜欢的设备,简化你的需求,你需要做的仅仅是拆卸或组装你需要的功能——一切都可以 DIY!

　　你有想过吗? 未来的某一天,你想更换一部新手机,摆在你面前的可能是如图 3-1(c)所示的零配件,你可以选择自己喜欢的功能类型,如对于显示器,你可以有一个触摸屏或非触摸式的 LED 显示器,你还可以选择 GPS 导航仪,心率监视器,指纹扫描仪,麦克风,摄像机,SIM 卡槽,甚至一个额外的电池,等等。这就是模块化设计的思想。

(a)

(b)

(c)

图 3-1　模块化思想下的产品及产品配件

任务要求

利用已学习过的 C 语言知识及程序设计方法,借助于系统提供的库函数或自行设计的函数,搭建一个具有模块化设计思想的程序,以实现输出任意一个字符或数字图形。请以图 3-2 所示的字符图形为参考,设计一个程序实现图形输出。

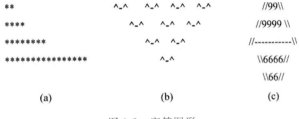

图 3-2　字符图形

任务分析

从图形中可以看出,每个图形都是由多个相同的子图形按照一定的规律排列而成的,每个子图形可以由相同的字符组成,也可以由不同的字符组成,但个数一定相同。

以图 3-2(b)所示的图形为例,可以将图形按图 3-3 所示的形式进行分解。如果我们能分别以图形^-^和□□□为单位输出,那么只要重复多次,即可完成图形的输出。

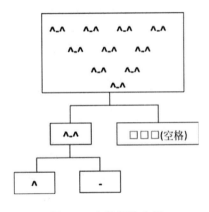

图 3-3　字符图形分解

 知识准备1　模块化程序设计基础

1. 模块化程序设计思想

我们再来回忆一下之前我们了解到的如图 3-4 所示的有关 C 程序的结构图。

一个 C 程序可以由一个或多个源程序文件组成,每个源程序文件又是由一个或多个

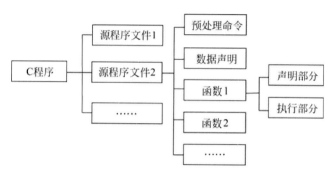

图 3-4　C 程序结构图

函数组成,如果把每个部分都看成是一个个功能模块的话,那么每个 C 程序就相当于由多个相同或不同的模块组合而成。因此,我们可以将 C 程序设计看成是一个造积木和搭积木的过程,若"积木"是现成的(如库函数),那么,我们只要拿来使用即可,如果我们自己想要的"积木"形式没有现成的,那么,我们可以先自己建造,建造好之后即可拿来使用。

无论一个 C 程序由多少个模块组成,也不管 main( )在什么位置,程序总是从 main( )函数开始执行,一般情况下整个程序也是在 main( )函数内结束。

无论一个 C 程序由多少个函数组成,各个函数之间是平行的、定义时各自独立,没有谁归属谁的问题,但调用时可以相互调用,即有调用与被调用的关系,但 main( )函数不允许被任何函数调用。

2. 函数的分类

函数就是实现一个特定功能的模块,通常用函数的名称来反映其功能,如 printf( )为标准输出函数、gets( )为字符串输入函数。

从用户使用角度来看,C 语言的函数可分为标准函数和用户自定义函数。

标准函数又称为库函数,它们由 C 语言编译系统提供,如 printf( )、scanf( )、getchar( )、gets( )等,使用时只要在源程序文件开头使用♯include 命令将相应的库函数信息包含到当前文件中来,用户的 C 程序就可以直接使用,即调用。

用户自定义函数是由用户根据设计的功能要求,按照 C 语言规则编写的函数。

从函数定义形式看,函数又分为无参函数和有参函数。

简单来讲,无参函数就是不带参数的函数,有参函数就是带有参数的函数。

能力拓展

用户自定义的函数可以直接放在当前源程序文件的开始位置,也可以单独放在一个我们称之为头文件的文件中,该文件的扩展名用 .h 来命名,使用时也同样使用♯include 命令将其包含到当前调用的源程序文件中。

3．函数的构成

函数的一般结构如下：

函数类型　函数名(参数类型参数1，参数类型参数2，…)
```
{
    声明部分 ⎫
             ⎬ 函数体
    执行部分 ⎭
}
```

 **阶段检测1**

对照函数的构成，说说下面三个函数对应的函数类型、函数名、函数体以及函数的参数个数、参数类型及参数名称。

函　数　1	函　数　2	函　数　3

void pstar()
{
　　printf(" **** ");
}
	void pstar_n(int c)
	{int i;
	　　for (i=0;i<c;i++)
	　　　printf("+");
	}
		void pchar(int c,char ch)
		{int i;
		　　for (i=0;i<c;i++)
		　　　printf("%c",ch);
		}

 知识准备2　函数的定义与调用

C语言规定，在C程序中用到的函数与变量都必须"先定义后使用"。

1．函数的定义

函数定义的一般形式：

函数类型　　函数名(形式参数表)
```
{
    声明部分 ⎫
             ⎬ 函数体
    执行部分 ⎭
}
```

常用的函数定义形式如下：

（1）无参函数的定义形式

类型标识符　函数名()
```
{ 声明部分
执行部分
}
```

（2）有参函数的定义形式

类型标识符　函数名(类型标识符参数1，类型标识符参数2，…)
```
{ 声明部分
```

执行部分
}

（3）可以有"空函数"

类型标识符 函数名()
{   }

说明：

- 函数类型是指函数值的类型，即函数要返回的值的类型。函数可以有返回值，也可以没有返回值，如果不需要函数带回值时，则可用 void 类型作为函数的类型，否则可用类型名如 int、float、char、long 等来指明。
- 函数名后面括号内一个或多个参数称形式参数，若有参数，则需要指明参数类型，若无参数，则函数名后面的括号不能省略。
- 函数体是函数应当完成的具体操作，即函数功能的具体体现。
- 空函数是无函数体的函数，但一对大括号不能省略。

2. 函数的调用

C 语言规定，除 main()函数外其他函数不能直接执行，其他函数必须通过主函数 main()直接或间接调用才能执行函数体的语句，完成函数的功能。

函数调用的一般形式如下：

函数名(实际参数表)

函数调用按其在程序中出现的位置，通常有以下三种调用方式：

- 函数语句：在函数调用后加分号形成一条函数语句。
- 函数表达式：将函数调用作为表达式的一部分参与运算。
- 函数参数：将函数调用作为另一个函数调用的实参。

 知识准备3　无返回值的函数定义与调用

函数在调用完成后，若不需要返回值给主调用函数，可以将函数的类型定义为 void，即空类型。那么，在调用时，无论是无参函数还是有参函数均可采用函数语句来调用。常用形式如下：

形式 1：函数名()；　　　　　　　　//无参函数的调用
形式 2：函数名(实参 1,实参 2, …)；　　//有参函数的调用

 程序示例

```
//文件名：m3p1t1-ep1.cpp
#include <stdio.h>
//无返回值函数的定义
```

```
void pstar()                        //输出****
{   printf("****");
}
void pstar_n(int c)                 //用循环控制输出c个+
{   int i;
    for (i=0;i<c;i++)
        printf("+");
}
void pchar(int c,char ch)           //用循环控制输出c个字符,字符由ch的值决定
{   int i;
    for (i=0;i<c;i++)
        printf("%c",ch);
}
//主函数main()为主调用函数
void main()
{   pstar();                        //无参函数调用
    pstar_n(8);                     //有一个参数的函数调用,8为实参
    pchar(2,'9');                   //有两个参数的函数调用,2和'9'为实参
    printf("\n");
}
```

程序运行结果为:

```
****++++++++99
Press any key to continue
```

该程序执行时从 main() 的第一条语句 "pstar();" 开始,由于 pstar() 是 void 类型,故无函数返回值,且无参数,所以使用函数语句形式调用该函数,程序转到 pstar() 函数体内执行 "printf("****");",输出 "****" 后函数返回主函数 main() 下一条语句 "pstar_n(8);"。

main() 函数执行 "pstar_n(8);" 时,程序调用 pstar_n() 函数,因为函数有形式参数,在函数被调用时,计算机先将实参数据传递给形式参数,即将整型常量 8 传递给整型变量 c,然后执行语句 "for(i=0;i<c;i++)printf("+");"(即等价于执行 "for(i=0;i<8;i++)printf("+");"),循环 8 次输出 8 个 '+',结束 pstar_n() 函数体的执行,程序返回 main() 执行下一条语句 "pchar(2,'9');"。

同样,当程序执行 "pchar(2,'9');" 时,计算机会转向 pchar() 内执行其函数体,首先计算机将实参值 2 送给形参变量 c、将实参值 '9' 传递给形参变量 ch,然后再执行语句 "for(i=0;i<c;i++)printf("%c",ch);"(即等价于执行 "for(i=0;i<2;i++)printf("%c",'9');"),最后程序再返回主调函数,即 main(),继续下一条语句的执行,执行 "printf("\n");" 后结束整个程序的执行。

整个程序的执行流程如图 3-5 所示。

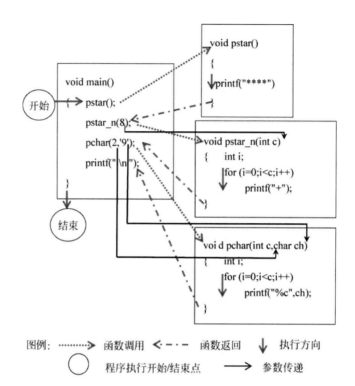

图 3-5 有函数调用的程序执行流程

无返回值的函数定义与调用见表 3-1。

表 3-1   无返回值的函数定义与调用

项目	函 数 1	函 数 2	函 数 3

函数定义	void pstar()
	{
	printf(" **** ");
	}
		void pstar_n(int c)
		{int i;
		    for (i=0;i<c;i++)
		        printf("+");
		}
			void pchar(int c,char ch)
			{int i;
			    for (i=0;i<c;i++)
			        printf("%c",ch);
			}

形参	无形参	只有一个形参,类型为 int,名称为 c	有两个形参,一个整型,名称为 c;一个字符型,名称为 ch
函数类型与值	函数为 void 类型,无返回值	函数为 void 类型,无返回值	函数为 void 类型,无返回值
功能	输出四个 '＊'	输出 c 个 '＋'	输出 c 个 ch 指定的字符
函数调用举例	void main() { pstar(); }	void main() { pstar_n(8); }	void main() { pchar(2,'9'); }
结果	****	++++++++	99

阶段检测2

按照程序功能,完成程序填空。

```cpp
//文件名:m3p1t1-test2.cpp
//功能:输出如下所示的图形
/ *
(@_@)
    (@_@)
        (@_@)
 * /
    ___①___
void pQQface()
{
    ___②___
}
void main()
{
int i,j;
for (i=0;i<3;___③___)
{
    for (j=0;j<i;j++)
        printf("");
    ___④___
    printf("\n");
    }
}
```

任务解决方案

注:以图 3-2(b)图形为例。

步骤 1:拟定方案

方案 1

(1) 定义一个函数,输出图形^-^,名称为 pface(),无须函数返回值;

(2) 定义一个函数,输出三个空格,名称为 pspcace(),无须函数返回值;

(3) 在主函数 main()中多次调用 pface()和 pspace(),可通过循环语句实现;共输出四行,每一行包括三个操作,即:

① 定位每一行第一个字符的输出位置,可通过输出空格数来控制;

② 输出每一行^-^与□□□(空格)的次数;

③ 输出换行。

方案 2

(1) 定义一个函数,输出图形^-^,名称为 pface(),无须函数返回值;

(2) 在主函数 main()中调用一次 pface()后再调用系统函数 printf()输出三个空格,

通过循环语句重复多次这两步操作。

步骤 2：确定方法

（1）定义数据变量。

因无数据需要变量存放，故无变量定义。定义函数 pface()、pspace() 分别输出^-^和三个空格。

```c
void pface()
{
    printf("^-^");         //输出^-^
}
void pspace()
{
    printf("   ");         //输出三个空格
}
```

（2）画出程序流程图。

在 main() 函数中循环调用 pface() 和 pspace()，其流程图如图 3-6 所示。

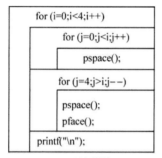

(a) N-S流程图

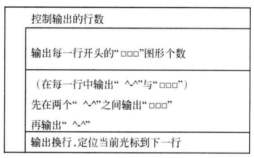

(b) 功能说明

图 3-6　流程图

步骤 3：代码设计

（1）编写程序代码。

```c
//文件名：m3p1t1-B.cpp
//功能：输出以下图形
/*
^-^^-^^-^^-^
 ^-^^-^^-^
  ^-^^-^
   ^-^
*/
#include <stdio.h>
void pface()
{
    printf("^-^");
}
void pspace()
{
    printf("   ");         //输出三个空格
}
```

```
}
void main()
{
    int i,j;
    for (i=0;i<4;i++)
    {
        for (j=0;j<i;j++)
            pspace();
        for (j=4;j>i;j--)
        {
            pspace();
            pface();
        }
        printf("\n");
    }
}
```

（2）设置测试数据。

无测试数据。

步骤 4：调试运行

程序的运行结果为：

阶段检测3

（1）修改程序 m3p1t1-B.cpp 使之可以输出如下图形。

（2）对于图 3-1(b)所示的图形，若采用方案 2，程序 m3p1t1-B.cpp 要如何修改？

（3）编程实现图 3-1(a)、(c)所示的图形。

任务2 温 度 转 换

生活场景再现

当你要去旧金山游学时，看到图 3-7(a)、(b)所示的天气预报，哪个能让你准确知道当地的天气冷热情况？如果在旧金山，只有华氏温度给你时，你将如何适应或想办法解决？生活中，我们总会遇到许多会的或者不会的但又是必须解决的问题的，你将怎么办？求助，没错，求助谁？

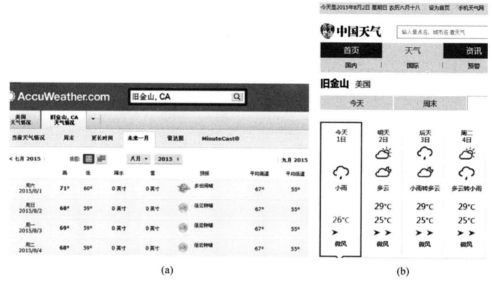

图 3-7　天气预报

请你依据图 3-7(a)所示的天气预报中给出的华氏温度，设计一个 C 程序，帮助实现从华氏温度到摄氏温度的换算。以 2015 年 8 月 1～3 日这三天的温度为例，输入三天的最高与最低温度，分别输出对应的摄氏温度并将早晚温差(用摄氏温度表示)计算出来。

不同温度之间的换算关系如表 3-2 所示，用函数实现华氏温度到摄氏温度的换算，在主函数中调用函数并实现温差计算。

表 3-2　不同温度之间的换算关系

转　换	到	公　式
华氏温度	摄氏温度	$℃ = (℉ - 32)/1.8$
摄氏温度	华氏温度	$℉ = ℃ * 1.8 + 32$
摄氏温度	绝对温度	$K = ℃ + 273.15$
绝对温度	摄氏温度	$℃ = K - 273.15$

观察思考1

分析以下三个函数,比较它们之间的不同点。

项目	函　数　1	函　数　2	函　数　3

函数定义	void pstar()
	{
	　printf(" **** ");
	}
		void pchar_n(int c)
		{int i;
		　　for (i=0;i<c;i++)
		　　printf("+");
		}
			void pchar(int c,char ch)
			{int i;
			　　for (i=0;i<c;i++)
			　　printf("%c",ch);
			}

函数调用	void main()
	{
	pstar();
	}
		void main()
		{
		pchar_n(8);
		}
			void main()
			{
			pchar(4,'9');
			}

通过"观察思考",我们可以得出如下结论:从函数的功能上看,函数 3 的功能最强,虽然一样是输出字符,但其灵活度是最强的,因为它不仅可以变化字符也可以变化字符的个数。但这三个函数都有一个问题,没有返回值,如果遇到当前任务要求中的问题又该如何定义函数来解决温度转换呢?

 知识准备　函数间的数据传递

函数通过定义确定功能,通过调用实现功能。那么函数与函数之间在调用与被调用时如何进行数据传递呢? 在 C 语言中,函数间的数据传递方式有三种途径,即

- 形参与实参结合:被调函数与主调函数间借助于形参和实参进行数据传递,这种方式,又分为值传递与地址传递两种形式;
- 函数返回值:被调函数向主调函数传递数据;
- 全局变量:被调函数与主调函数间的双向传递(任务 4 中讲解)。

1. 实参形参间的值传递方式

在定义函数时,函数名后面括号内的变量称为形式参数(简称形参),在调用函数时,函数名后面括号内的变量称为实际参数(简称实参)。 当进行函数调用时,主调函数会按照参数的个数依序将实参值对应传递给被调函数的形参。

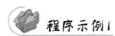 **程序示例1**

```
//文件名: m3p1t2-ep1.cpp
#include <stdio.h>
void pchar(int c,char ch)          //c 与 ch 为形参,pchar()为被调函数
```

```
{ int i;
for (i=0;i<c;i++)
    printf("%c",ch);
}
void main()                          //main()为主调函数
{
  pchar(4,'9');                      //4与'9'为实参
}
```

在程序示例 1 中,当主调函数 main()在调用 pchar()时,计算机将实参的值依序传递给对应的形参,即 4→c 与'9'→ch,然后执行函数体内的语句完成函数功能。

值传递时的注意事项:

(1) 实参向形参传递数据是依序、单向传递,即只能是实参的值传递给形参;

(2) 实参可以是常量、变量、表达式、函数,且在调用函数前必须有确定的值;

(3) 形参与实参的类型必须相同或兼容;

(4) 形参与实参可以同名,因为形参与实参各自拥有独立的存储空间,只不过形参只有在函数被调用时才为其分配存储空间,函数调用完成,为其分配的存储空间也被收回,所以二者之间并不冲突。也就是说,形参的值发生变化,对应的实参值并不会发生变化,从而实现数据的单向传递。

2. 函数的返回值及 return 语句

若函数不需要返回值给主调函数,在定义函数时可将函数的类型定义为 void。

如果函数需要将某个计算结果返回给主调函数(即有返回值),那么,在定义函数时,需要为函数指定一个除 void 以外的类型,如 int、double 等,那么,又该如何将结果返回给主调函数呢? 此时可以通过 return 语句来实现。

return 语句的用法有两种形式。

形式 1:

return 表达式;

形式 2:

return (表达式);

表达式即函数要返回给主调函数的值。

需要特别说明的是,因为 return 语句的功能是将被调函数执行的结果返回给主调函数,无论 return 语句采用哪种方式,函数的返回值在程序返回到主调函数时都是通过函数名带回的。

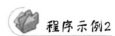 **程序示例2**

```
//文件名: m3p1t2-ep2.cpp
#include <stdio.h>
intmax_int(int x,int y)
```

```
{
    int z;
    if (x>y)
        z=x;
    else
        z=y;
    return (z);
}
void main( )
{
    int a,b,c;
    scanf("%d,%d",&a,&b);
    printf("%d 与 %d 比较,%d 大\n",a,b,max_int(a,b));
}
```

函数返回值的说明：

（1）一个函数体内可以有多个 return 语句,执行到哪一个,哪一个就会起作用；

（2）如果函数类型不是 void 类型,且函数体内没有 return,函数会带回一个不确定的值；

（3）函数的类型通常在定义时指明,若在定义时没有指明函数的类型,系统自动按 int 类型处理；

（4）如果函数定义时的类型与"return(表达式);"语句中表达式的类型不一致,若符合系统自动转换的类型,由系统自动转换,否则以函数的类型为准。

 观察思考2

若将程序示例 2 中的程序 m3p1t2-ep2.cpp 改为求两个 float 类型数的最大值,应该修改几个部位,如何修改？

 阶段检测1

（1）下面的程序是求三个实型数的最大数,请你根据程序运行结果,填空完成程序并上机调试验证。

程序的运行结果为：

```
请任意输入三个实数:34,2,90
最大的数是90.00
Press any key to continue
```

```
//文件名: m3p1t2-test1-1.cpp
#include <stdio.h>
float max_f(float x,float y,float z)
{
    float max;
    if (x>y)
```

```
            ①
        else
            max=y;
        if (max<z)
            max=z;
                ②
    }
    void main()
    {
        float a,b,c;
        printf("请任意输入三个实数:");
                ③
        printf("最大的数是%.2f\n",max_f(a,b,c));
    }
```

（2）下面的程序运行结果同上题，请你对比上一个程序，填空完成程序并上机调试验证。

```
//文件名: m3p1t2-test1-2.cpp
#include <stdio.h>
_____①_____ max_f(float x, ____②____ )
{
    float max;
    if (x>y)
        max=x;
    else
        max=y;
    return (max);
}
void main()
{
    float a,b,c;
    float max;
    printf("请任意输入三个实数:");
    scanf("%f,%f,%f",&a,&b,&c);
    max=_____③_____ ;
    printf("最大的数是%.2f\n",max);
}
```

（3）下面的程序存在4处错误，请你依据程序功能找出错误，并修改完成调试，使程序最终的运行结果如下：

//文件名：m3p1t2-test1-3.cpp
/*功能：对随机产生的十个字符(ASCII 值为 32～126)进行加密,并输出加密前后的字符。加密方法为：
(1) 字符若是小写字母,则用其前的第五个字符代替；
(2) 字符若是大写字母,则用其后的第三个字符代替；
(3) 字符若是 1～9 的数字,则用对应序号的小写字母代替,即 1—a,2—b,依次类推；其他字符不变。
*/

```cpp
1. #include <stdio.h>
2. #include <time.h>
3. #include <stdlib.h>
4. void code_ch(char ch)
5. {
6.    char res;
7.    if (ch>='a' && ch<='z')
8.      res=ch-5;
9.    else if (ch>='A' && ch<='Z')
10.     res=ch+3;
11.   else if(ch>='1'&& ch<='9')
12.      res=ch+48;
13.   else
14.      res=ch;
15.   return;
16. }
17. void main()
18. {
19. srand(time(NULL));
20. for (int i =0;i<10;i++)
21.   {
22.      ch=rand()%95+32;
23.      printf("%c \t",ch);
24.      printf("--->%c\n",code_ch);
25.   }
26. }
```

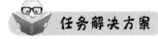

任务解决方案

步骤 1：拟定方案

(1) 定义函数 FtoC(),实现华氏温度 f 到摄氏温度 c 的转换。

c= (f-32)/1.8;

(2) 确定 main()主函数的函数体。

① 给出每天的早晚温度 f1、f2,调用 FtoC()转换为摄氏温度；

② 计算两温度差；

③ 输出温度差及早晚温度。

步骤 2：确定方法

（1）定义数据变量。

序号	变量名	类型	作　　用	初值	输入或输出格式	位置
1	f1	int	存放每天的最高华氏温度	—	scanf("%d",&f1);	main()
2	f2	int	存放每天的最低华氏温度	—	scanf("%d",&f2);	main()
3	c1	float	存放每天的最高摄氏温度	—	printff("%.1f",c1);	main()
4	c2	float	存放每天的最低摄氏温度	—	printff("%.1f",c2);	main()
5	f	int	存放要换的华氏温度	—	—	FtoC()
6	c	float	存放换算出的摄氏温度	—	—	FtoC()

（2）定义函数 FtoC()。

因已知华氏温度，求摄氏温度，故华氏温度作为形参，摄氏温度用函数值回传给主调函数。

```
float FtoC(int f)
{
int c;
c=(f-32)/1.8;
return(c);
}
```

（3）画出程序流程图。

为了增加执行结果的可读性，增加输出提示。主函数 main() 的 N-S 流程图如图 3-8 所示。

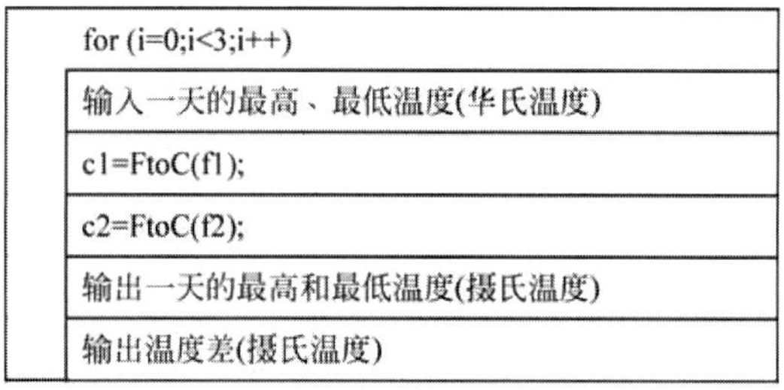

```
┌─────────────────────────────────────┐
│ for (i=0;i<3;i++)                    │
├─────────────────────────────────────┤
│ 输入一天的最高、最低温度(华氏温度)      │
├─────────────────────────────────────┤
│ c1=FtoC(f1);                         │
├─────────────────────────────────────┤
│ c2=FtoC(f2);                         │
├─────────────────────────────────────┤
│ 输出一天的最高和最低温度(摄氏温度)      │
├─────────────────────────────────────┤
│ 输出温度差(摄氏温度)                   │
└─────────────────────────────────────┘
```

图 3-8　main() 函数的 N-S 流程图

步骤 3：代码设计

（1）编写程序代码。

```
//文件名：m3p1t2.cpp
#include <stdio.h>
float FtoC(int f)
{
    float c;
    c= (f-32)/1.8;
    return(c);
}
void main()
{
```

```
    int f1,f2;
    float c1,c2;
    int i;
    for (i=0;i<3;i++)
    {
        printf("请输入%d 日的最高、最低温度(华氏温度)：",i+1);
        scanf("%d,%d",&f1,&f2);
        c1=FtoC(f1);
        c2=FtoC(f2);
        printf("%d 日的最高温度和最低温度分别是(摄氏温度)：%.1f,%.1f",i+1,c1,c2);
        printf(",温差为：%.1f.\n\n",c1-c2);
    }
}
```

（2）设置测试数据。

第一组：   第二组：

71,60 ↙   77,60 ↙

68,59 ↙   89,78 ↙

69,59 ↙   82,70 ↙

步骤 4：调试运行程序

程序的运行结果为：

```
请输入1日的最高、最低温度（华氏温度）：71,60
1日的最高温度和最低温度分别是（摄氏温度）：21.7,15.6.温差为：6.1.

请输入2日的最高、最低温度（华氏温度）：68,59
2日的最高温度和最低温度分别是（摄氏温度）：20.0,15.0.温差为：5.0.

请输入3日的最高、最低温度（华氏温度）：69,59
3日的最高温度和最低温度分别是（摄氏温度）：20.6,15.0.温差为：5.6.

Press any key to continue_
```

 阶段检测2

请仿照任务，设计一个将摄氏温度转换为华氏温度的程序。

任务 3　密码生成与加密

生活场景再现

密码对于我们来说太不陌生了，每一张银行卡、每一个保险箱以及每天游戏、聊天、网购，计算机开机、打开资金账户数据时都需要密码，我们处处都要用密码来保护我们的个人隐私，但你是否担心过密码的安全性？网上有许多类似图 3-9(a)所示的软件，你在网络中是否也看到过类似图 3-9(b)所示的软件？只要动一下手指，一个新的密码就会生成。
这该如何用程序实现？

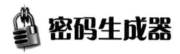

图 3-9　密码破解与生成

请你设计一个 C 程序，使该程序能从 ASCII 表中选择任意可输入的字符，由计算机
随机生成一个指定长度的密码，并将其按照一定的规则进行加密。

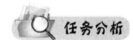

任务可分以下三个子任务。

子任务 1　生成密码

随机生成字符，长度指定可输入的字符（ASCII 值为 48～122）。

子任务 2　加密密码

确定加密方法，密码的安全级别由加密算法确定。如加密算法采用任务 2 中
m3p1t2-test1-3.cpp 给出的简单加密算法。

子任务 3　输出密码

输出加密前后的字符串。

观察思考

（1）上机调试 m3p1t3-ex1.cpp 程序，观察程序运行结果，对比分析程序说说下面 6
个语句随机生成的字符或数值大小范围。

①　a＝rand()％10＋1;

②　b＝rand()％90＋10;

③　c＝rand()％11＋10;

④　ch1＝rand()％10＋48;

⑤ ch2＝rand()％26＋97；

⑥ ch3＝rand()％26＋65。

```cpp
//文件名：m3p1t3-ex1.cpp
# include <stdio.h>
# include <stdlib.h>
# include <time.h>
void main()
{
    int a,b,c,i;
    char ch1,ch2,ch3;
    srand(time(NULL));
    for(i=0;i<50;i++)
    {
    a＝rand()％10;              //0～9,一位数
    b＝rand()％90＋10;          //10～99,两位数
    c＝rand()％11＋10;          //10～20
    printf("\t\t%d\t\t%d\t\t%d\n",a,b,c);
    }
    for(i=0;i<50;i++)
    {
    ch3＝rand()％26＋65;        //'0'-'9'
    ch1＝rand()％10＋48;        //'a'-'z'
    ch2＝rand()％26＋97;        //'A'-'Z'
    printf("\t\t%c\t\t%c\t\t%c\n",ch1,ch2,ch3);
    }
}
```

（2）下面函数的功能是通过调用 rand()函数生成一个小写字母,请填空完成。

```cpp
//文件名：m3p1t3-ex2.cpp
//功能：用函数 gen_char()生成一个小写字母,通过主函数输出该字母
# include <stdio.h>
# include <stdlib.h>
# include <time.h>
_____①_____  gen_char()
{
    int i;
    i＝rand()％26＋97;
        _____②_____
}
void main()
{
    printf("%c",_____③_____);
}
```

 知识准备1　数组作函数参数的使用方法

我们知道,数组可以直接使用某数组元素,如 a[3]或 a[i],也可以使用数组名,如在处理字符串时,可以直接使用"puts(x);"来输出字符数组 x 中的内容。

在函数定义与调用时,我们也可以像使用变量一样使用数组元素或数组名,但二者之间是有区别的。

1. 数组元素作为实参进行值传递

由于实参可以是常量、变量或表达式,因此,数据元素作实参同用变量作实参的用法与效果一样,即进行的是单向值传递。

 **程序示例1**

```
//文件名: m3p1t3-ep1.cpp
//功能: 用数组元素作实参调用函数 max_f()求三个数的最大值
#include <stdio.h>
float max_f(float a, float b, float c)
{
    float max;
    printf("%.1f,%.1f,%.1f", a, b, c);
    max=a;
    if (max<b)
        max=b;
    if (max<c)
        max=c;
    return(max);
}
void main()
{
    int i;
    float x[3], max;
    for (i=0;i<3;i++)
        scanf("%f", &x[i]);
    max=max_f(x[0], x[1], x[2]);
    printf("最大值为%.1f\n", max);
}
```

程序的运行结果为:

```
12
23
56
12.0,23.0,56.0最大值为56.0
Press any key to continue
```

程序说明:

(1) max_f()函数为有参函数,形参分别为 a、b、c,且函数类型为 float,因此函数有返回值,所以函数间的数据传递是实参形参结合的数据传递,也是函数返回值实现的数据传递;

(2) 实参形参结合:程序执行函数调用时,实参为数组元素 x[0]、x[1]、x[2],形参分别为 a、b、c,所以 x[0]−> a、x[1]−> b、x[2]−> c;

(3) 函数返回值:通过 max→ return(max);→max_f→max 将返回值带回。前一个 max 是 max_f()中的变量,后一个 max 是 main()中的变量。即 max_f()中的结果放于变量 max 中,并通过 return 语句将 max 值返回给主调函数 main(),而 main()中借助于函数名 max_f 将值传递给 main()中的 max。

2. 数组名作为函数参数进行地址传递

C 语言中,定义了一个变量,即意味着系统会为其分配相应大小的存储空间,并且有一个唯一的地址与其对应。如:

```
int a;        地址用 &a 表示
float b;      地址用 &b 表示
char x;       地址用 &x 表示
```

若定义一个数组变量,则系统会为其分配一块连续的存储空间,因为它是由多个数组元素组成的,且每个数组元素所占的存储空间大小一致,所以 C 语言用数组名来表示数组的地址,也是数组首个元素的地址。如:

```
int s[10];    地址用 s 表示
float t[10];  地址用 t 表示
char ch[8];   地址用 ch 表示
```

因此,当用数组名作为函数的参数时,则要求形参与实参可以都是数组(也可以是指针,在模块 4 中讲解)。在函数调用时,计算机只将实参数组的地址传递给形参,即实参与形参共有一个存储地址,也就是共用一块存储空间,我们将这种参数传递方式称为地址传递。由于实参与形参共用一块存储空间,那么,当形参的值发生变化时,其实参值也跟着变化,从而变相地实现了函数之间的双向数据传递。

我们可以借用这种方式,实现函数调用时返回多个值或处理复杂的数据问题。

 **程序示例2**

```
//观察程序运行结果,对比函数调用前后两次数据输出,说说结果有什么不同
//文件名:m3p1t3-ep2.cpp
//功能:数组 x[]作为函数参数进行数据传递,函数内每个数组元素都在原值基础上增加10
#include <stdio.h>
voidup(int x[],int n)              //形参定义为数组 x[],数组长度用形参 n 表示
{
//up()函数类型为 void,即函数无返回值,故可无 return
    int i;
    for (i=0;i<n;i++)
        x[i]=x[i]+10;
}
void main()
{
    int i;
    int x[10];
    for (i=0;i<10;i++)
        scanf("%d",&x[i]);         //输入十个数放于数组 x 中
    printf("调用函数 up()前: ");
    for (i=0;i<10;i++)
```

```
        printf("%5d",x[i]);          //输出 up()函数调用前数组 x 中的数据
    up(x,10);                         //调用函数 up(),实参为数组 x 和 10
    printf("\n 调用函数 up()后: ");
    for (i=0;i<10;i++)
        printf("%5d",x[i]);          //输出调用 up()函数后 x 中的数据
        printf("\n");
}
```

输入：

12 23 56 45 52 61 43 61 71 7 ↙

程序的运行结果如下：

```
12 23 56 45 52 61 43 61 71 7
调用函数up()前:    12   23   56   45   52   61   43   61   71    7
调用函数up()后:    22   33   66   55   62   71   53   71   81   17
Press any key to continue_
```

阶段检测 1

根据以下程序功能，填空完成程序。

```
//文件名: m3p1t3-test1.cpp
//功能: 求一组数的和以及该组数的最大值,分别用函数 sum_i()和 max_i()实现,该组数通过随
机函数 rand()自动产生
#include <stdio.h>
#include <stdlib.h>
#include <time.h>
float sum_f(_____①_____)
{
    int i;
    _____②_____
    for (i=0;i<n;i++)
        sum=sum+x[i];
    return (sum);
}
float max_f(float x[],int n)
{
    int i;
    float max;
    _____③_____
    for (i=1;i<n;i++)
        if (max<x[i])
            max=x[i];
    _____④_____
}
void main()
{
    int i;
    float x[10],max,sum;
    srand(time(NULL));
```

```
    for (i=0;i<10;i++)
        x[i]=rand()%100;
    for (i=0;i<10;i++)
        printf("%5.1f",x[i]);
    sum=_____⑤_____;
    max=_____⑥_____;
    printf("\n最大值是%5.1f,和为%5.1f\n",max,sum);
}
```

 知识准备2 数组作函数参数的注意事项

（1）值传递：实参用数组元素，形参只能用简单变量，不可用数组元素；

（2）地址传递：实参、形参均用数组名，形参数组定义形式为：

形参类型数组名[ ]，int 数组长度

如：

float max_f(float x[ ]，int n)

实参传递数据时，函数调用形式为：

函数名(数组名，整型表达式)

如：

max_f(x,10)

（3）无论是值传递还是地址传递，形参与实参的数据类型必须一致或兼容；

（4）使用数组作参数进行数据传递时，也可以用多维数组，多维数组的使用同一维数组。

 阶段检测2

（1）根据函数定义形式，写出对应的函数调用形式（提示：函数调用前可相应定义变量或数组）。

函 数 定 义	函 数 调 用
int min_i(int a[ ], int c) { …}	
float ave_i(int b[ ], int c) { …}	
int abs_sum_i(int t[ ], int c) { …}	
void pcircle(char ch[ ],int n) { }	

（2）根据函数调用形式，写出对应的函数定义形式。

函 数 定 义	函 数 调 用
	int a[10]； sort_up(a,10)；
	float a[5]，b[5]； swap (a,b)；
	char t[8]； change_ch(t,8)；

 知识准备3　函数的声明

用户自定义函数作为一个独立的功能模块，可以放置在程序的任何位置，即可以在 main()之前，也可以在其后。

如果我们将 m3p1t3-ep1.cpp 中的 max()函数与 main()函数的位置调换一下，如图 3-10 所示，那么，程序在编译时就会出现如图 3-11 所示的错误信息。错误显示在第 10 行，编译系统认为 max_f 是没有声明的标识符，这是为什么？又如何解决这个问题？

```
//文件名：m3p1t3-ep1.cpp
//功能：用数组元素作实参调用函数 max_f()求三个数的最大值
#include <stdio.h>
void main()
{
    int i;
    float x[3],max;
    for (i=0;i<3;i++)
        scanf("%f",&x[i]);
    max=max_f(x[0],x[1],x[2]);
    printf("最大值为%.1f\n",max);
}
float max_f(float a,float b,float c)
{
    float max;
    printf("%.1f,%.1f,%.1f",a,b,c);
    max=a;
    if (max<b)   max=b;
    if (max<c)   max=c;
    return(max);
}
```

图 3-10　调换函数位置后的 m3p1t3-ep1.cpp

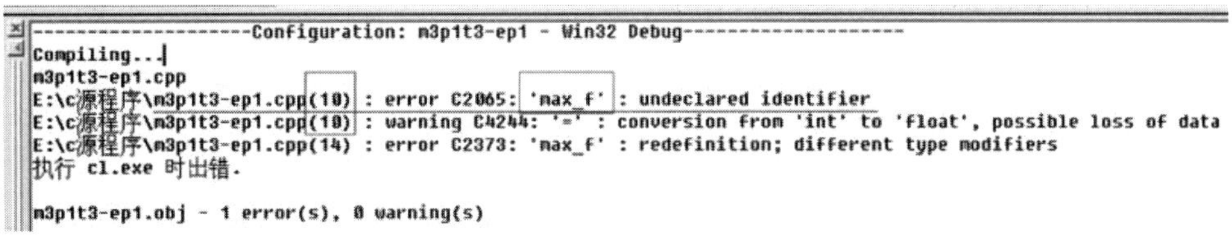

```
---------------------Configuration: m3p1t3-ep1 - Win32 Debug--------------------
Compiling...
m3p1t3-ep1.cpp
E:\c源程序\m3p1t3-ep1.cpp(10) : error C2065: 'max_f' : undeclared identifier
E:\c源程序\m3p1t3-ep1.cpp(10) : warning C4244: '=' : conversion from 'int' to 'float', possible loss of data
E:\c源程序\m3p1t3-ep1.cpp(14) : error C2373: 'max_f' : redefinition; different type modifiers
执行 cl.exe 时出错.

m3p1t3-ep1.obj - 1 error(s), 0 warning(s)
```

图 3-11   程序编译错误

解决方法如下。

方法 1：将所有用户自定义函数放在 main()函数之前，即将所有被调函数放于主调函数之前进行定义，即函数需要"先定义后调用"，如程序示例 1 的 m3p1t3-ep1.cpp 所示。

方法 2：若将函数定义放在主调函数之后，则在程序的开始位置需要对函数先作声明。

声明方法如下。

方法 1：

函数类型 函数名(参数类型参数 1，参数类型参数 2，…)；

方法 2：

函数类型 函数名(参数类型，参数类型，…)；

简单地讲，函数声明的方法就是将函数定义中的函数体去掉，并在结尾加分号。

函数声明的作用只是将函数的函数名、函数类型、参数个数及类型、参数的顺序通知编译系统，以便在调用该函数时系统按此对照检查是否存在未定义的符号。

因此，采用方法 2 解决以上编译错误，只要在程序的第 3 行之后，即 # include <stdio.h>之后添加一条函数声明即可解决，声明如下：

float max_f(float a, float b, float c)；

对比函数定义，函数声明不需要函数体，即函数声明仅包含函数名、函数类型、参数个数及类型(结尾必须有分号)，而函数定义不仅要有函数首部，即函数名、函数类型、参数个数及类型，而且还必须有函数体，或者至少有一对大括号(即空函数)。

简单地讲，函数定义是一个函数功能确立的过程，而函数声明只是通知编译系统函数被调用时的形式。

阶段检测3

区别下面给出的是函数声明还是函数定义，并说明依据。

(1) void p_char()
```
    {
    printf("(^.^)");
    }
```
(2) int sum(int x ,int y);

（3）float ave(int x[ ],int n);

（4）void gen_char(int n)
```
{
    for(int i=0;i<n;i++)
    {
        p_char();
        printf("\t");
        p_char();
    }
}
```

 任务解决方案

步骤 1：拟定方案

（1）定义两个函数，函数 gen_code()用于生成密码，函数 change_code()用于对密码进行加密，本方案采用 m3p1t2-test3.cpp 给出的简单加密算法，加密方法为：

① 字符若是小写字母，则用其前的第五个字符代替；

② 字符若是大写字母，则用其后的第三个字母代替；

③ 字符若是 1～9 的数字，则用对应序号的小写字母代替，其他字符不变。

（2）确定主函数 main()的功能。

① 指明密码的长度及密码的存放位置，存放密码用数组 code；

② 调用函数 gen_code()生成一串字符串作为密码，字符串放于数组 code 中，字符为 ASCII 值为 48～122；

③ 调用函数 change_code()对 code[ ]中的密码进行加密；

④ 输出加密前后的密码。

步骤 2：确定方法

（1）定义数据变量。

序号	变量名	类型	作　　用	初值	输入或输出格式	位　　置
1	code	char [ ]	存放密码，作实参	—	printf（"%c"，code[i]）；或 puts(code)；	main()函数
2	code	char [ ]	存放密码，作形参	—	—	gen_code()函数 change_code()函数
3	n	int	说明数组长度	—	—	gen_code()函数 change_code()函数

（2）定义函数。

```
void gen_code(char code[ ],int n)
{
    int i;
```

```
    srand(time(NULL));
    for (i=0;i<n;i++)
        code[i]=rand()%75+48;        //生成的字符 ASCII 码值为 48~122
}
void change_code(char code[ ],int n)
{
    int i;
    char ch;
    for(i=0;i<n;i++)
    {
        ch=code[i];
        if (ch>='a' && ch<='z')
            ch=ch-5;
        else if (ch>='A' && ch<='Z')
            ch=ch+3;
        else if(ch>='1' && ch<='9')
            ch=ch+48;
        else
            ch=ch;
        code[i]=ch;
    }
}
```

（3）画出程序流程图。

主函数 main() 的程序流程图如图 3-12 所示。

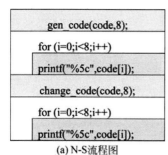

(a) N-S流程图	(b) 功能说明
gen_code(code,8);	生成长度为 8 的密码放于 code[]中
for (i=0;i<8;i++)	控制密码字符的个数
printf("%5c",code[i]);	输出加密前密码的每一个字符
change_code(code,8);	调用函数 change_code()对密码 code[]加密
for (i=0;i<8;i++)	控制输出的行数
printf("%5c",code[i]);	输出加密后密码的每一个字符

图 3-12　流程图

步骤 3：代码设计

（1）编写程序代码。

```
//文件名：m3p1t3.cpp
#include <stdio.h>
#include <stdlib.h>
#include <time.h>
void gen_code(char code[ ],int n);          //声明函数 gen_code()
void change_code(char code[ ],int n);       //声明函数 change_code()
void main()
{
```

```
        char code[8];
        int i;
        gen_code(code,8);                    //生成长度为8的密码放于code[]中
        printf("加密前的密码为:");
        for (i=0;i<8;i++)
            printf("%5c",code[i]);
        change_code(code,8);                 //调用函数change_code()对密码code[]加密
        printf("\n 加密后的密码为:");
        for (i=0;i<8;i++)
            printf("%5c",code[i]);
        printf("\n");
}
void gen_code(char code[],int n)
{
        int i;
        srand(time(NULL));
        for (i=0;i<n;i++)
        {
            code[i]=rand()%75+48;            //生成的字符ASCII码值为48～122
            printf("%5d",code[i]);           //显示生成字符的ASCII码值
        }
        printf("\n");
}
void change_code(char code[],int n)
{
        int i;
        char ch;
        for(i=0;i<n;i++)
        {
            ch=code[i];
            if (ch>='a' && ch<='z')
                ch=ch-5;
            else if (ch>='A' && ch<='Z')
                ch=ch+3;
            else if(ch>='1'&& ch<='9')
                ch=ch+48;
            else
                ch=ch;
            code[i]=ch;
        }
}
```

（2）设置测试数据。

无测试数据。

步骤 4：调试运行程序

程序的运行结果为：

阶段检测4

（1）定义一个函数求一组数的平均值。（提示：求出的平均值由函数名带回，故将函数定义为 float 类型，同时使用数组来存放该组数。）

（2）编写一个程序，要求程序能自动生成一串小写字母，并将该组小写字母转换为大写字母输出。（提示：定义一个函数，自动生成一串小写字母放在一个数组中，小写字母的 ASCII 码值为 97～122，因此用 rand()％(122－97＋1)＋97 可自动生成一个小写字母对应的 ASCII 码值；其次，再定义一个函数，将数组中存放的所有小写字母转换为大写字母；最后通过主函数 main()调用两个函数实现。）

任务 4 斐波那契数列的生成

 生活场景再现

斐波那契数列，你一定不陌生，那么，斐波那契螺旋线你知道吗？看了图 3-13 所示的图片，你一定惊喜"竟然如此"。

斐波那契螺旋线，也称"黄金螺旋线"，将以斐波那契数为边的正方形拼成一个长方形，然后在正方形里面画一个 90 度的弧线，将弧线首尾连起来就形成了斐波那契螺旋线，如图 3-13(a)、(b)所示。

自然界中存在许多斐波那契螺旋线的图案，如图 3-13c 所示，生活中也被广泛应用，如摄影中的构图方法之一就是斐波那契螺旋曲线法，这个构图方法可以很好地突出主体，又可以让整个画面都显得很生动，如图 3-13(a)、(b)所示。

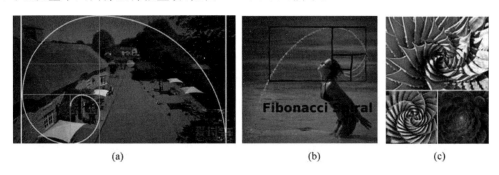

(a)　　　　　　　　　(b)　　　　　　　　　(c)

图 3-13　斐波那契螺旋线

 任务要求

斐波那契数列，又称黄金分割数列，指的是这样一个数列：0、1、1、2、3、5、8、13、21、34、…，请你用函数实现求斐波那契数列的前 n 个数。

 任务分析

斐波那契数列我们曾在模块 2 中认识了,即数列中的每一个数(除前两个数外)都可以用公式 fib(n)＝fib(n－1) ＋ fib(n－2)求出。

法国数学家比内(Binet)证明得出了如下所示的通项公式:

$$fib(n)=\begin{cases}1 & n=1\\1 & n=2\\fib(n-1)+fib(n-2) & n\geqslant3\end{cases}$$

如果用函数 fib(n)求数列的第 n 个数,那么,只要用函数 fib(n－1)求出数列的第 n－1个数、用函数 fib(n－2)求出第 n－2 个数,然后两个结果相加,以此类推。

 观察思考1

已知 n!＝1×2×3×4×5×…×n(n＞1),请快速写出下列各式的运算结果,并与同学分享一下你是如何快速得出结果的。

(1) 3!＝　　　　　　　4!＝

(2) 5!＝　　　　　　　6!＝

(3) 7!＝　　　　　　　8!＝

总结如下。

方法 1:4!＝1×2×3×4＝24,5!＝1×2×3×4×5＝120,6!＝1×2×3×4×5×6＝720,…

方法 2:用前一个数的结果 * 当前数,即算出 3!＝6 后,4!＝3! * 4＝6 * 4＝24,5!＝4! * 5＝24 * 5＝120,6!＝5! * 6＝120 * 6＝720,…

所以,n! 用数学中的递归公式可表示为:

$$n!=\begin{cases}1 & (n=0,1)\\n\times(n-1) & (n>1)\end{cases}$$

 知识准备1　嵌套调用

C 语言中不允许作嵌套的函数定义,因此各函数之间是平行的,每个函数都是一个功能相对独立的模块(函数)。但是 C 语言允许在一个函数的定义中出现对另一个函数的调用,这种调用称为嵌套调用,若在一个函数的定义中出现对函数自身的调用,将这种调用称为递归调用。

嵌套调用是指在一个函数的定义中出现对另一个函数的调用,如图 3-14 所示。

嵌套调用的执行过程如下:

(1) 主函数 main()执行到"f1(实参);"时,程序转到 f1() 函数,实参值传递给形参后,执行函数体;

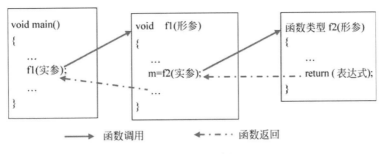

图 3-14 函数嵌套调用

（2）在执行 f1() 的函数体时，遇到"m＝f2(实参);"，程序又需要调用函数 f2()，即程序转到 f2() 函数内执行，先将实值传递给形参，执行函数体；

（3）在执行 f2() 的函数体时，遇"return(表达式);"，说明 f2() 函数执行结束，则返回主调函数，即返回 f1()，执行"m＝f2(实参);"后面的语句；

（4）f1() 函数执行结束时，返回到 main() 函数中，然后执行"f1(实参);"后面的语句。

观察思考2

观察下列两个程序，分析程序中函数的调用，并试着写出运行结果。

	程序 A：	程序 B：

程序代码	`//m3p1t4-ex1.cpp`
	`#include <stdio.h>`
	`void pstar_n(int c)  //输出 c 行 ****`
	`{`
	`  for(int  i=0;i<c;i++)`
	`    printf(" ****\n");`
	`}`
	`void main()`
	`{`
	`  pstar_n(5);`
	`}`
		`//文件名：m3p1t4-ex2.cpp`
		`#include <stdio.h>`
		`void pstar(int  n)  //一行输出 n 个 *`
		`{  for(int i=1;i<n;i++)`
		`     printf(" * ");`
		`   printf("\n");`
		`}`
		`void  pstar_n(int  c)  //用输出 c 行`
		`{  for(int i=1;i<=c;i++)`
		`     pstar(i);`
		`}`
		`void main()`
		`{  pstar_n(5);`
		`}`

程序运行结果		
函数调用	一层嵌套调用 main()→pstar_n()→printf()	两层嵌套调用 main()→pstar_n()→pstar()→printf()
函数返回	逐层向上返回 main()←pstar_n()←printf()	逐层向上返回 main()←pstar_n()←pstar()←printf()

知识准备2　函数的递归调用

你见过图 3-15 所示的小玩具吗？童年的你也许就有一款，没错，玩它就像变魔术一样，"快到我碗里来！"。函数有一种调用形式就与它类似，即递归调用。

图 3-15　俄罗斯套娃

一个函数在其定义的函数体内直接或间接调用其自身，称为递归调用，如图 3-16 所示。在递归调用中，主调函数又是被调函数，执行递归调用时函数将反复调用其自身。每调用一次就进入新的一层。

递归调用的执行过程比较复杂，以程序 m3p1t4-ep1.cpp 为例，进行说明。

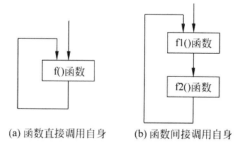

(a) 函数直接调用自身　　(b) 函数间接调用自身

图 3-16　函数递归调用

 **程序示例**

```
//文件名: m3p1t4-ep1.cpp
//功能:用函数求 n!=1×2×3×4×5×…×n
# include <stdio.h>
long jc(int n)                //函数类型为 long,若为 int,结果可能会产生溢出
{   long f;
    if (n==0)
        f=1;                  //0!=1
    else if (n==1)
        f=1;                  //1!=1
    else
        f=jc(n-1) * n;        //n!=(n-1)! * n
    return(f);
}
void main()
{   int n;
    long f;
    do
```

```
    {
        printf("请输入一个正整数：");
        scanf("%d",&n);
    }while (n<0);
    f=jc(n);
    printf("%3d!=%ld\n",n,f);
}
```

程序的运行结果为：

本程序即通过函数的递归调用求 n!，程序的执行过程如下（以 4! 为例）。

（1）从 main() 的第一条语句 do-while() 开始执行，执行

```
do
    {
        printf("请输入一个正整数：");
        scanf("%d",&m);
    }while (n<0);
```

后输入 4 ↙，则 m=4。

（2）执行"f= jc(n);"，第一次调用函数 jc()，因为 m=4，所以函数调用后，将 4 传递给形参 n，所以相当于求 f=jc(4)，然后执行 jc() 的函数体中第一条语句。

```
if (n==0)
        f=1;                    //0!=1
    else if (n==1)
        f=1;                    //1!=1
    else
        f=jc(n-1)*n;
```

（3）因为 n=4，所以执行 if-else 语句中的分支三"f=jc(n-1)*n;"，即求 f=jc(3)*4，由于中间出现了 jc(3)，即第二次对 jc() 进行函数调用，此时实参为 3，执行函数调用后将 3 送给 jc() 函数的形参 n，即 n=3，先求 f(3)，然后执行 jc() 函数体中第一条语句。

```
if (n==0)
        f=1;                    //0!=1
    else if (n==1)
        f=1;                    //1!=1
    else
        f=jc(n-1)*n;
```

（4）因为 n=3，所以执行 if-else 语句中的分支三"f=jc(n-1)*n;"，即求 f=jc(2)*3，由于中间出现了 jc(2)，即第三次对 jc() 进行函数调用，此时实参为 2，执行函数调用后将 2 送给 jc() 函数的形参 n，即 n=2，先求 f(2)，然后执行 jc() 函数体中第一条语句。

```
if (n==0)
```

```
        f=1;                    //0!=1
    else if (n==1)
        f=1;                    //1!=1
    else
        f=jc(n-1)*n;
```

（5）因为 n＝2，所以执行 if-else 语句中的分支三"f＝jc(n-1)＊n;"，即求 f＝jc(1)＊2，由于中间出现了 jc(1)，即第四次对 jc() 进行函数调用，此时实参为 1，执行函数调用后将 1 送给 jc() 函数的形参 n，即 n＝1，先求 f(1)，然后执行 jc() 函数体中第一条语句。

```
    if (n==0)
        f=1;                    //0!=1
    else if (n==1)
        f=1;                    //1!=1
    else
        f=jc(n-1)*n;
```

（6）因为 n＝1，执行 if-else 语句的第二个分支"f＝1;"，然后执行 jc() 函数的"return(f);"语句，程序结束第四次的调用，返回到 f＝jc(1)＊2＝1＊2＝2，执行 jc() 函数的"return(f);"语句，程序结束第三次的调用，返回到 f＝jc(2)＊3＝2＊3＝6，执行"return(f);"，结束第二次的调用，返回到 f＝jc(3)＊4＝6＊4＝24，执行"return(f);"，结束第一次的调用，返回到 f＝jc(4)＊5＝24＊5＝120，即返回到主函数 main() 中执行下一条语句"printf("％3d!＝%ld\n",m,f);"，打印输出结果 5!＝120，结束程序执行。

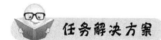任务解决方案

步骤 1：拟定方案

（1）定义函数 fib()，用递归方法，即公式如下：

$$fib(n)=\begin{cases} 1 & n=1 \\ 1 & n=2 \\ fib(n-1)+fib(n-2) & n\geqslant 3 \end{cases}$$

（2）在主函数 main() 中任意输入一个正整数 n，求斐波那契数列的第 n 个数，显示 n 的值及斐波那契数。

步骤 2：确定方法

（1）定义数据变量

序号	变量名	类型	作　　用	初值	输入或输出格式	位置
1	n	int	存放斐波那契数所在的序号	—	scanf("％d",&n);	main()函数
2	f	long	存放斐波那契数	—	printf(%ld",f);	main()函数
3	n	int	存放斐波那契数所在的序号	—	—	fib()函数
4	f	long	存放斐波那契数	—	—	fib()函数

（2）画出程序流程图（图 3-17）

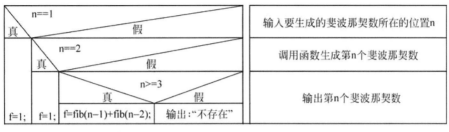

图 3-17 N-S 流程图

步骤 3：代码设计

（1）编写程序代码。

```cpp
//文件名：m3p1t4.cpp
#include <stdio.h>
long fib(int n)
{   long f;
    if (n==1)
        f=1;
    else if (n==2)
        f=1;
    else if (n>=3)
        f=fib(n-1)+fib(n-2);
    else
    printf("不存在!");
    return f;      //return 语句返回函数值的另一种用法,等同于 return(f)
    }
void main()
{   int n;
    long f;
    scanf("%d",&n);
    f=fib(n);
    printf("第%d 个斐波那契数是%ld\n",n,f);
}
```

（2）设置测试数据。

第一组：8↙ 第二组：15↙ 第三组：−3↙

步骤 4：调试运行程序

程序的运行结果为：

```
8
第8个斐波那契数是21
Press any key to continue
```

```
15
第15个斐波那契数是610
Press any key to continue
```

```
-3
不存在! 第-3个斐波那契数是-858993460
Press any key to continue
```

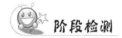 阶段检测

（1）在 m3p1t4.cpp 程序执行时，若输入一个小于 0 的值，结果可能会出现这样的结

果 **-3 不存在！第-3个斐波那契数是-858993460 Press any key to continue** ，这说明程序的容错功能不好，如果你能将小于 0 的数拒之门外，那么这个程序就更完美了，你将如何修改？

（2）若将 m3p1t4.cpp 中的函数修改为如下形式，请调试运行程序，说说结果有什么不同。

```
long fib(int n)
{    if (n==1)
          return 1;
     else if (n==2)
          return 1;
     else if (n>=3)
          return fib(n-1)+fib(n-2);
     elsereturn -1;
}
```

（3）请依据程序运行结果，找出程序中的三处错误。

```
1.    //文件名：m3p1t4-test1-3.cpp
2.    #include <stdio.h>
3.    int Fib(int n)
4.    {
5.    if (n == 1)
6. return 1;
7. if (n == 2)
8. return 1;
9.    if (n>2)
10. return Fib(n-1) +Fib(n-2)
11.    }
12.    void main()
13.    {
14.    int i;
15.    for (i=1;i<=20;i++)
16. printf("%10ld",fib(i));
17.    }
```

程序的运行结果为：

```
          1         1         2         3         5         8        13        21
         34        55        89       144       233       377       610       987
       1597      2584      4181      6765
Press any key to continue_
```

能力拓展 ——趣味程序设计

图 3-18 所示是一个古老的益智型游戏——汉诺塔,不仅有积木形式,它也出现在很多游戏网站中,是一个老少皆宜的游戏,通常在程序设计中它可以用递归来实现,你是否能依据游戏规则设计一个程序完成五层汉诺塔的移动(可上网搜索信息)?

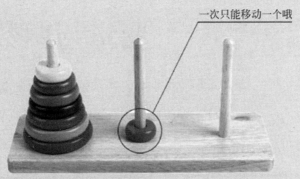

一次只能移动一个哦

游戏规则1:一次只能移动一个套圈。
游戏规则2:小圆圈只能套在大圆圈上,大圆圈不能套在小圆圈上。

图 3-18 汉诺塔

课题2

变量与函数的属性

学 习 导 表

任 务 名 称	知 识 点	学 习 目 标
任务1 认识变量的属性	◇ 变量的定义位置：全局变量与局部变量； ◇ 变量的作用域； ◇ 变量的存储类别：静态存储方式与动态存储方式； ◇ auto、static、extern 与 register 型变量的作用； ◇ 变量的生存期	变量与函数的使用是 C 程序设计的基础与核心,理解并灵活运用变量与函数的属性是 C 程序设计能力拓展的关键。 本课题的主要学习目标是： 1. 从定义形式上区分局部变量与全局变量； 2. 从功能上理解局部变量与全局变量的不同； 3. 从变量值的存放位置与值的存在时间理解静态存储方式与动态存储方式的区别； 4. 会区别使用局部变量与全局变量； 5. 会区别使用静态局部变量与外部变量；
任务2 认识函数的属性	◇ 内部函数与外部函数； ◇ 外部函数的声明与调用； ◇ 多个源程序文件组成的 C 程序的调试	6. 了解 static 与 extern 变量在程序设计中的作用； 7. 理解内部函数与外部函数的区别； 8. 知道内部函数与外部函数的使用方式

任务1 认识变量的属性

生活场景再现

2015年7月中国互联网协会发布了如图 3-19(a)所示的新闻,我们在阿里官网上能看到图 3-19(b)、(c)所示的部分业务及管理团队的部分成员。一个企业能进入中国互联网十强实属不易,你认为阿里团队的每个成员在企业中有多大的舞台? 管理团队的每个成员又有多大的管理权限与管理范围? 他们又可以行使多长时间的管理权? 变量、函数在程序中的位置、作用和生存期与之很相似,那么不同位置、不同定义形式的变量在程序执行期间有怎样的"命运"呢?

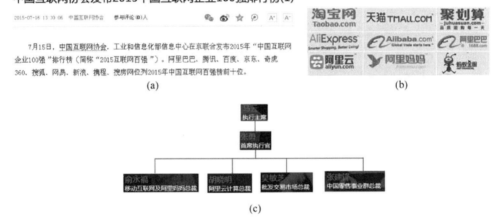

图 3-19 新闻、业务与管理团队

任务要求

根据给出的程序代码,运行并分析程序,依据程序的功能模块设计,找出函数及函数中使用的变量,分析变量的使用范围及不同时刻变量的值。

```
//文件名:m3p2t1.cpp
/*功能:程序分别用 f1()、f2()、f3()三个函数代表三个网络客户对某个产品及服务的评价情况,
客户的信誉度不同其好评值也不同,如信誉度高的客户1每次评价的好评值为3,信誉度良的客户
2每次评价的好评值为2,信誉度一般的客户3每次评价的好评值为1。当主函数 main()每调用一
次相应函数,其评价值分别增加 3、2、1,且三个客户的好评值会连续累加一周即 7 天,主函数 main()
显示每次调用函数前后的好评值及累计一周的总好评值。(语句前的序号为行号)*/
1.      #include <stdio.h>
2.      void f1()
3.      {
4.          extern count ;
```

```
5.          count+=3;
6.      }
7.   int count = 0;
8.      int f2()
9.   {
10.    static int c = 0;
11.    c+=2;
12.    return c;
13.    }
14.    int f3()
15.  {
16.    static int count;
17.    count+=1;
18.    return count;
19.  }
20.  int main(void)
21.  {
22.    int i=1,x,y;
23.    printf("\t\tf1()中\t\tf2()中\t\tf3()中\t\t好评总数\n\n");
24.  for(;i<= 7;++i)
25.  {
26.        printf("第%d次调用前:\t%d\t\t%d\t\t%d\n\n", i,count, x,y);
27.        f1();
28.        x=f2();
29.        y=f3();
30.        printf("第%d次调用后:\t%d\t\t%d\t\t%d", i,count, x,y);
31.        count=count+x+y;
32.        printf("\t\t%d\n\n",count);
33.  }
34.  }
```

 任务分析

我们在设计程序时,一方面变量定义总是放在函数体内的可执行语句之前,或者是作为函数的形参放在函数首部;另一方面,在一个函数内定义的变量若拿到另一个函数内使用就是非法的。

我们仔细观察上面的程序就会发现,变量定义的位置、形式有所不同,还有一些不认识的语句或用法,是不是 C 语言还有关于变量的一些约定是我们现在还不知道的?

知识准备1　变量的作用域

在讨论函数的形参时曾经提到,形参变量只有在被调用期间才为其分配存储空间,函数调用结束立即释放。这一点表明,形参变量只有在函数内才是有效的,离开该函数就不能再使用了。

C 语言中,变量的定义形式和位置不同,其作用就不同,将变量的作用范围称为变量的作用域。依据变量的作用域,可将变量分为局部变量和全局变量。

1. 局部变量及其作用域

在函数和复合语句内定义的变量,只在本函数或复合语句范围内有效,这类变量称为局部变量(又称内部变量),其作用域从变量定义点开始到函数或复合语句结束。就像图 3-18(c)阿里云计算总裁胡晓明只能管理阿里云计算的业务及相关团队的人员。

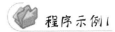 **程序示例 1**

```
//文件名: m3p2t1-ep1.cpp
1.   # include <stdio.h>
2.   void pstar(int n)
//形参变量 n 的作用域为第 4 行到第 6 行,仅在函数 pstar()内有效
3.   {
4.     for (int i=1;i<n;i++)            //局部变量 i 的作用域为第 4 行到第 5 行
5.       printf(" * ");
6.     printf("\n");
7.   }
8.   void pstar_n(int c)               //形参变量 c 的作用为第 10 行到第 12 行
9.   {
10.    int i;
11.      for (i=1;i<=c;i++)            //变量 i 的作用为第 11 行到第 12 行
12.        pstar(i);
13.  }
14.  void main()
15.  {
16.    int n=5;                        //变量 n 的作用为第 17 行到第 17 行
17.    pstar_n(n);
18.  }
```

局部变量的作用域仅限于作用域内,离开该作用范围再使用这种变量就是非法的。

知识拓展

(1) 主函数中定义的局部变量作用域仅为主函数,主函数也不能使用其他函数内定义的局部变量;

(2) 函数定义中的形参也是局部变量,与在函数内部定义的局部变量一样,只能在本函数内使用;

(3) 不同函数中可以定义相同名称的局部变量,即使名称相同,其作用域也仅限于在定义的函数内;

(4) 在函数内的复合语句中定义的变量,其作用域只限于本复合语句。

---

2. 全局变量及其作用域

在函数内定义的变量称为局部变量,在函数外定义的变量称为全局变量(也称外部变量)。

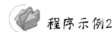 **程序示例2**

```
//文件名：m3p2t1-ep2.cpp
//功能：输入长方体的长宽高 l,w,h。求体积及三个面 x*y,x*z,y*z 的面积。
1.   # include ＜stdio.h＞
2.   int s1,s2,s3;              //s1,s2,s3 为全局变量,其作用域为整个 m3p2t1-ep2.cpp
3.   int vs( int a,int b,int c)
4.   {
5.       int v;
6.       v＝a*b*c;
7.       s1＝a*b;
8.       s2＝b*c;
9.       s3＝a*c;
10.      return v;
11.  }
12.  voidmain()
13.  {
14.      int v,l,w,h;
15.      printf("\n 输入长方体的长、宽、高(用空格分隔)\n");
16.      scanf("%d%d%d",&l,&w,&h);
17.      v＝vs(l,w,h);
18.      printf("v＝%d s1＝%d s2＝%d s3＝%d\n",v,s1,s2,s3);
19.  }
```

 阶段检测1

(1) 请查找程序示例2的程序 m3p2t1-ep2.cpp 中有哪些局部变量,其作用域分别是什么?

(2) 依据程序示例2给出的程序 m3p2t1-ep2.cpp,说一说全局变量有什么优点。

知识准备2　变量的存储方式和生存期

变量除了有作用域的属性以外,还有另一个属性——变量的生存期,即变量值的存在时间。

1. 变量的存储方式

变量的值可能在整个程序运行期间一直存在,也可能是临时分配存储空间,使用结束,变量就不存在了。变量值的存在时间是由变量的存储方式来决定的。

变量的存储方式分为静态存储方式和动态存储方式。

采用静态存储方式的变量,在程序运行期间,变量由系统在静态存储区为其分配存储空间,且存储空间在程序运行期间是不释放的,即变量可以一直使用为其分配的存储空间。

采用动态存储方式的变量,只有在函数被调用时,系统才为其分配动态存储空间,函数调用结束则系统释放该变量的存储空间,那么该变量就无存储空间可用,也就是说变量的值不存在了。

这就好比阿里云计算的总裁在他的任期内可以行使他的管理权,若任期结束,虽然仍为阿里的职员,其在公司的管理职权却不存在了。

2. 变量的存储类别

在 C 语言中,变量的存储类别可以通过关键字 auto、static、register、extern 来指定。用 register 声明的变量其值存放在寄存器中,因此又称寄存器变量,使用寄存器变量只为提高程序的运行速度,但由于机器性能越来越高,目前已不常用。表 3-3 列出了常用的三种变量的对比使用。

表 3-3 不同存储类别变量的对比

存储类别	auto	static	extern

应用举例	int f1(int n)
	{
	auto int a;
	…
	}
		int f1(int n)
		{
		static int a=1;
		…
		}
			extern a;
			int f1(int n)
			{…}
			int a,b;
			char f2(int n)
			{…}
			…

特点	(1) a 为局部变量; (2) 属于动态存储方式,又称自动变量	(1) a 为局部变量,但函数调用结束空间不释放、值不消失; (2) 属于静态存储方式,又称静态局部变量; (3) 变量值保留到下次函数调用,调用时的值为上次函数调用结束时的值	(1) a,b 为全局变量,属于静态存储方式; (2) extern 只对全局变量作声明,用以扩大变量的作用域,故 a 的作用域扩大到 f1()函数内,即 a 在 f1()中可用,但 b 在 f1()中不可用
		改变变量的生存期	改变变量的作用域
说明	(1) auto 可省略,默认为自动存储类别; (2) 函数调用时对其赋值,函数调用一次重新赋值一次; (3) 不赋初值时,其值为不确定的值	(1) 编译时赋初值,无论函数调用多少次只赋值一次; (2) 定义若无初值,则编译时系统自动赋初值 0,char 型初值为空字符; (3) 函数调用结束虽然值存在,但其他函数不能使用其值,即变量的作用域只能是当前函数	(1) 全局变量若不在文件开头定义,可在当前文件任意位置使用 extern; (2) 在一个源程序文件中定义了全局变量,在另一个文件中用 extern 对全局变量进行声明,可以在两个源程序文件中共用此变量; (3) 通常外部全局变量名首字符用大写以增加程序的阅读性

观察思考

对比以下三个程序，依据程序运行结果，说说下划线部分变量的生存期。

程 序 A	程 序 B	程 序 C

//文件名：m3p2t1-exA.cpp
//功能：验证自动变量生存期
#include <stdio.h>
void main()
{　int i;
　　void f();
　　for(i=1;i<=5;i++)
　　　　f();
}
void f()
{　<u>auto int j=0;</u>
　　++j;
　　printf("%d\n",j);
}
	//文件名：m3p2t1-exB.cpp
	//功能：验证静态变量生存期
	#include <stdio.h>
	void main()
	{　int i;
	　　void f();
	　　for (i=1;i<=5;i++)
	　　　　f();
	}
	void f()
	{　<u>static int j=0;</u>
	　　++j;
	　　printf("%d\n",j);
	}
		//文件名：m3p2t1-exC.cpp
		//功能：验证静态变量生存期
		#include <stdio.h>
		<u>extern j;</u>
		void main()
		{　int i;
		　　void f();
		　　for (i=1;i<=5;i++)
		　　{f();　j++;}
		}
		<u>int j=0;</u>
		void f()
		{　++j;
		　　printf("%d\n",j);
		}

程序的运行结果为： 1 1 1 1 1 Press any key to continue	程序的运行结果为： 1 2 3 4 5 Press any key to continue	程序的运行结果为： 1 4 7 10 13 Press any key to continue

知识拓展

（1）外部变量（全局变量）定义必须在所有的函数外，且只能定义一次，可以在文件开头，也可以在任意两个函数定义之间，但作用域只从定义点开始到文件结束。

（2）外部变量声明可出现在文件的任意位置（定义点之前或之后），在整个程序内，可能出现多次。

（3）外部变量声明的一般形式为：extern 变量名，变量名，…。

（4）外部变量的定义与声明不同，如有以下程序段：

```
#include <stdio.h>
① extern a;          //此处为全局变量的声明，意为 a 的作用域将从此处开始
int f1(int n)
{…}
② int a,b;           //此处为全局变量的定义，表示 a 和 b 的作用域从此处开始
char  f2(int n)
{…}
void main()
{…}
```

①处的 extern a;只是为了将②处定义的全局变量 a 的作用域扩大到从①处开始,从而可以使 f1()函数也能使用变量 a,但变量 b 的作用域仍然从②处开始。

(5) 外部变量可加强函数模块之间的数据联系,但是又使函数要依赖这些变量,因而使得函数的独立性降低。从模块化程序设计的观点来看这是不利的,因此在不必要时尽量不要使用全局变量。

(6) 在同一源文件中,允许全局变量和局部变量同名。在局部变量的作用域内,全局变量不起作用,此正所谓"强龙(全局变量)压不过地头蛇(局部变量)"。

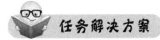

步骤1:拟定方案

从三个方面对变量分类,即变量的数据类型、变量作用域和变量的存储类型。

变量的数据类型:决定变量值的类型及系统为变量分配的存储空间大小。

变量的作用域:决定变量在程序中的使用范围,分为局部变量和全局变量。

变量的存储类型:决定变量的生存期,分为静态存储类型和动态存储类型。

因此,从变量定义或说明的形式、位置可分辨出变量的三个特性,从变量赋值(含)的表达式可以得出变量的值。由此,方案如下:

(1) 找出变量定义的语句;

(2) 依据变量定义的位置、定义形式判定变量的作用域及存储类型;

(3) 依据变量的存储类型判定变量生存期。

步骤2:确定方法

变量及其特性分析见表 3-4。

表 3-4　变量及变量的作用域、生存期

定义/声明形式	定义位置		变量特性	作用域	生存期
	行号	函数内/外			
extern count;	4	f1()内	外部、静态	f1()及 main()内	值一直存在
int count = 0;	7	函数外	全局、静态	第8行至文件尾	值一直存在,但 f3()不可用
static int c = 0;	10	f2()内	局部、静态	f2()内	f2()被调用时存在
static int count;	16	f3()内	局部、静态	f3()内	f3()被调用时存在
int i=1,x,y;	22	main()内	局部、动态(auto)	main()内	main()执行时存在

说明:

(1) 第 7 行与第 16 行定义的 count 变量同名,C 语言规定,全局变量与局部变量同名时,函数内的局部变量将"屏蔽"函数外的全局变量,因此,全局变量 count 在 f3()内值不可见,即在 f3()内不能使用全局变量 count 的值;

(2) 在第一次调用 f2()、f3()之前,由于 x 和 y 没有赋初值,故其值不定;

(3) f3()内的 count 变量虽然没有赋初值,但因为是静态局部变量,编译系统会自动为其赋初值 0。

步骤3:调试运行程序

运行程序,对比结果验证分析结论(以循环 3 次结果为例)。

	f1() count	f2() c	f3() count	好评总数
第1次调用前：	0	-858993460		-858993460
第1次调用后：	3	2	1	6
第2次调用前：	6	2	1	
第2次调用后：	9	4	2	15
第3次调用前：	15	4	2	
第3次调用后：	18	6	3	27

知识拓展

全局变量(外部变量)的说明之前再冠以 static 就构成了静态的全局变量。全局变量本身就是静态存储方式,静态全局变量当然也是静态存储方式,这两者在存储方式上并无不同,区别在于非静态全局变量的作用域是整个源程序,当一个源程序由多个源文件组成时,非静态的全局变量在各个源文件中都是有效的,而静态全局变量则限制了其作用域,即只在定义该变量的源文件内有效,在同一源程序的其他源文件中不能使用它。由于静态全局变量的作用域局限于一个源文件内,只能为该源文件内的函数公用,因此可以避免在其他源文件中引起错误。从以上分析可以看出,把局部变量改变为静态变量后是改变了它的存储方式即改变了它的生存期。把全局变量改变为静态变量后是改变了它的作用域,限制了它的使用范围。因此 static 这个说明符在不同的地方所起的作用是不同的。

阶段检测2

(1) 依据程序的运行结果,补全程序。

```c
//文件名：m3p2t1-test2-1.cpp
#include <stdio.h>
void main()
{
    _____①_____
int i,n;
long f_sum=0;
scanf("%d",&n);
for (i=1;i<=n;i++)
{    printf("%d!+",i);
     f_sum=_____②_____
}
printf("\b=%ld\n",f_sum);        //\b 为转义符,将最后一个输出的字符+删除
}
long fac(int n)
{
    static int f=1;
    f=f*n;
```

```
    ③
}  ──────
```

输入 6↙后，程序的运行结果为：

```
6
1!+2!+3!+4!+5!+6!=873
Press any key to continue
```

（2）设计一个函数，求一组数（不少于 3 个）的平均值、最大值和最小值，通过函数调用实现结果输出。

提示：因函数名只能带回一个返回值，若要带回多个值，可通过全局变量来实现。

任务 2 认识函数的属性

 生活场景再现

我们都知道，自行车是一个集代步、健身、娱乐等于一身的交通工具，图 3-20 所示的图片你在生活中一定见过，你能分辨出它们的不同吗？ 如果图 3-20(a)、(b)中的自行车不是出现在图片上，而是出现在你面前，你会选择哪一款作为你的市内交通工具？ 如果你是一位自行车赛车手，车队为你和同伴准备的赛车别人能使用吗？ C 语言中的函数就像我们看到的这些一样，自行车的功能相同，但使用场合不同，结果就不同，放置位置不同，使用对象就不同。

图 3-20 自行车及其使用

任务要求

　　程序设计也与我们的现实生活相似,除了系统提供的库函数以外,依据实际需要,有时会将某些功能独立的部分设计为函数,供指定程序或所有程序共用。现在有一个源文件 m3p2t2-B.cpp,其中包含多个函数,可供你使用,请你依据以下要求另设计一个程序 m3p2t2-A.cpp。

　　(1)随机生成一组数,并求这组数的最大值,最小值,总和及平均值;

　　(2)能清楚显示该组数及所有结果;

　　(3)随机生成的一组数要不少于 3 个。

```cpp
//文件名: m3p2t2-B.cpp
//求一组数的最大值
int maxs(int num[ ],int n)
{
    int i,m=num[0];
    for (i=1;i<n;i++)
        if (m<num[i])
            m=num[i];
    return m;
}
//求一组数的最小值
int mins(int num[ ],int n)
{
    int i,m=num[0];
    for (i=1;i<n;i++)
        if (m>num[i])
            m=num[i];
    return m;
}
//求一组数的和
int sums(int num[ ],int n)
{
    int i,s=0;
    for (i=0;i<n;i++)
        s=s+num[i];
    return s;
}
```

任务分析

　　给出的源文件中已有三个函数可用于求一组数的最大值、最小值以及和,故在主函数

中只要调用即可,其次还有以下任务:

(1) 随机生成一组数,且不能少于 3 个;

(2) 求平均值(可利用求和函数);

(3) 显示计算结果。

 观察思考

下面的函数 gen_num()可以随机生成 10 个 10~20 的数,gen_char()可以随机生成一个由 6 个小写字母组成的字符串,但每个函数都有 3 处错误,请你找出来并修改。

(1)
```
intgen_num(int x[])
{
    int n;
    srand(time(NULL));
    for (i=0;i<n;i++)
        x[i]=rand()%11+10;
}
```

(2)
```
chargen_char(char ch,int n)
{   int i;
    srand(time(NULL));
    for (i=0;i<n;i++)
        ch[i]=rand()%26+'a';
    return x;
}
```

 知识准备1 内部函数与外部函数

函数一旦定义后就可以被其他函数调用。但当一个源程序由多个源文件组成时,在一个源文件中定义的函数能否被其他源文件中的函数调用呢? 为此,C 语言依据函数能否被其他源文件调用,又把函数分为内部函数和外部函数两类。

1. 内部函数

只能被函数定义所在的源文件内其他函数调用的函数,称为内部函数。内部函数就像自行车队的自行车,它只能给本队队员使用,其他人员不可以使用。

内部函数的定义形式如下:

```
static 函数类型 函数名(形参表)
{
函数体
}
```

2. 外部函数

不仅能被函数定义所在的源文件内其他函数调用,也能被其他源文件中的函数调用的函数,称为外部函数。外部函数就像市内公共自行车,不仅可以给本市市民使用,也可以给在本市工作的外地人员使用,甚至是外市人员。只要你办理了市内公交卡(外部函数声明),任何人都可以使用。

外部函数使用时两个注意事项：

（1）函数定义时，在函数类型前加 extern 以说明该函数为外部函数，若定义时没有说明 extern 或 static，则默认为 extern。

函数定义形式如下：

```
extern 函数类型 函数名(形参类型形参名,…)
{
    …           //函数体
}
```

（2）函数调用时，需要在源文件调用该函数之前的位置，对欲调用的函数进行声明。声明形式如下：

```
extern 函数类型 函数名(形参类型形参名,…);
```

或

```
extern 函数名(形参类型 1, 形参类型 2, …);
```

 程序示例

```
//文件名：A.cpp
#include <stdio.h>
extern int min(int a,int b,int c);
//求三个数中的最大值
int max(int x,int y,int z)
{
    int m;
    m=x>y?x:y;
    if (m>z)
        return m;
    else
        return z;
}
void main()
{
    int a,b,c;
    printf("请输入三个数(用空格分隔)：");
    scanf("%d%d%d",&a,&b,&c);
    printf("三个数中最大的数是：%3d,最小的数是%3d\n",max(a,b,c),min(a,b,c));
}
//文件名：B.cpp
int min(int x,int y,int z)
{
    int m;
    m=x<y?x:y;
```

```
    if (m<z)
        return m;
    else
        return z;
}
```

 知识准备2　多个源文件组成的C程序调试方法

　　我们知道，一个 C 程序可以由一个以上的源文件组成，每个源文件可以由一个以上的函数组成。那么，如何调试两个源文件组成的 C 程序呢？

　　具体步骤如下：

　　(1) 新建 C++ source file(即源文件)A. cpp，输入代码并保存。

　　(2) 再新建一个 C++ source file(即源文件)B. cpp，输入代码并保存，此时，"窗口"下拉菜单中可以看到如图 3-21 所示的两个文件 A. cpp、B. cpp。

　　(3) 单击"组建 | 编译"(或按 Ctrl＋F7)或工具栏上的 "编译"按钮，出现如图 3-22 所示的窗口，创建新的工作空间，单击"是"。

　　(4) 切换到 A. cpp 文件(单击"窗口" | A. app)，单击"组建 | 组建"，此时出现图 3-23 所示的窗口，单击"是"将 A. cpp 文件添加到当前项目中。

　　(5) 两个源文件均无编译错误时，单击"组建 | 组建"或单击工具栏上的 "组建"按钮，直到出现图 3-24 所示的链接窗口，表示 B. exe 程序已生成。

图 3-21　"窗口"下拉菜单项

　　(6) 单击工具栏上的 "执行"，输入三个数据后程序运行结果如图 3-25 所示。

　　说明：如果先编译 A. cpp，再编译 B. cpp，则最后生成 A. exe，程序运行结果一样。

图 3-22　创建工作空间

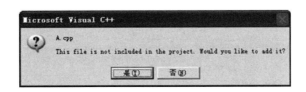

图 3-23　在当前项目中添加文件

图 3-24 生成可执行文件 B.exe

请输入三个数(用空格分隔): 12 32 31
三个数中最大的数是: 32，最小的数是12
Press any key to continue

图 3-25 程序的运行结果

任务解决方案

步骤 1：拟定方案

(1) 设计一个函数 gen_num()用于生成一组 10～20 的整数，放于数组中。

(2) 在主函数中，用数组作参数进行数据传递，分别调用四个函数，完成求和、求平均值、求最大值和最小值。由于三个函数是在另一源文件 m3p2t1-B.cpp 中，故调用 m3p2t1-B.cpp 文件中的函数时，需要在 m3p2t1-A.cpp 中用 extern 对该函数进行声明。

(3) 在主函数中，输出生成的一组数及四个计算结果。

步骤 2：确定方法

(1) 定义数据变量。

序号	变量名	类型	作　　用	初值	输入或输出格式	位置
1	i	int	局部变量，控制循环次数	0	—	main()
2	x	int []	局部变量，存放生成的一组数	—	—	main()
3	m1	int	存放最大值	—	printf("%4d",m1);	main()

续表

序号	变量名	类型	作　用	初值	输入或输出格式	位置
4	m2	int	存放最小值	—	printf(%4d",m2);	main()
5	ave	float	存放平均值	—	printf(%.1fd",ave);	main()
6	s	int[]	形参,接受实参传递的一组数	—	—	gen_num()
7	n	int	形参,接受实参传递的数组长度	—	—	gen_num()
8	i	int	局部变量,控制循环次数	0	—	gen_num()

(2) 声明函数。

```
extern int maxs(int s[],int n);
extern int mins(int s[],int n);
extern int sums(int s[],int n);
staticvoid gen_num(int s[],int n);
```

(3) 画出程序流程图(图 3-26)。

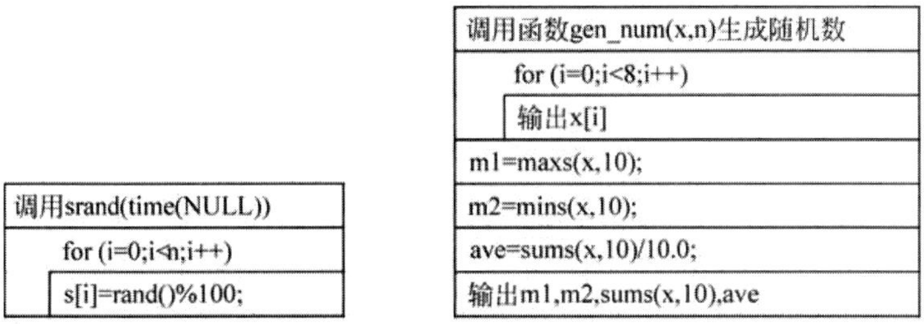

(a) gen_num()函数　　(b) main()函数

图 3-26　N-S 流程图

步骤 3：代码设计

(1) 编写程序代码。

```
//文件名: m3p2t2-A.cpp
/* 功能: 随机产生 10 个数,求 10 个数的最大值、最小值和平均值;用户自定义函数放于另一个源
文件 m3p2t2-B.cpp 中。 */
#include <stdio.h>
#include <stdlib.h>
#include <time.h>
//声明三个函数为外部函数
extern int maxs(int s[],int n);
extern int mins(int s[],int n);
extern int sums(int s[],int n);
//随机产生一组 0~100 的数放于数组 s[]中
static void gen_num(int s[],int n)
{
    int i;
    srand(time(NULL));
    for (i=0;i<n;i++)
        s[i]=rand()%100;
```

```
}
void main( )
{
    int i,x[10], m1,m2;
    float ave;
    rand_num(x,10);                    //随机产生 10 个数放于数组 x[]中
    printf("随机产生的 10 个 0～100 的数是:\n");
    for (i=0;i<10;i++)
    printf("%d\t",x[i]);
    m1=maxs(x,10);                     //求出 x[]中的最大值
    m2=mins(x,10);                     //求出 x[]中的最小值
    ave=sums(x,10)/10.0;               //求出 x[]的平均值
    printf("10 个数中最大的数是:%3d,最小的数是%3d\n",m1,m2);
    printf("10 个数的和是: %5d,平均值是: %.1f\n",sums(x,10),ave);
}
```

（2）设置测试数据。

无测试数据。

步骤 4：调试运行程序

（1）打开 m2p2t2-B.cpp;

（2）新建 m2p2t2-A.cpp,输入程序代码并保存;

（3）编译 m2p2t2-A.cpp,确保无错误信息;

（4）组建链接 m2p2t2-A.exe,并执行。

程序的运行结果为:

```
随机产生的10个0~100的数是:
63   94   59   29   60   87   47   86   45   84
10个数中最大的数是:  94, 最小的数是 29
10个数的和是:   654, 平均值是: 65.4
Press any key to continue
```

阶段检测

依据给出的程序功能,补全程序,并调试运行。

```
//文件名:m3p2t2-test1A.cpp
//功能:从键盘输入三个整数,调用外部函数求三个数中的最大值与最小值,并输出
_____①_____
_____②_____
void main( )
{
    int a,b,c;
    int x[10];
    printf("请输入三个数(用空格分隔): ");
    scanf("%d%d%d", _____③_____);
    printf("三个数中最大的数是:%3d,最小的数是%3d\n",max(a,b,c),min(a,b,c));
}
```

```
//文件名：m3p2t2-test1B.cpp
//求三个数中的最大值
_____④_____
{
    int m;
    m＝x＞y?x:y;
    if (m＞z)
        return m;
    else
        return z;
}
//求三个数中的最小值
int min(int x,int y,int z)
{
    int m;
    _____⑤_____
    if (m＜z)
        return m;
    else
        _____⑥_____
}
```

学 习 检 测

1. 填空题

(1) 由 C 系统提供的函数称为_____,用户自定义函数称为_____。

(2) 无返回值的函数因函数不返回函数值,函数类型应定义为_____,函数体内无_____语句。

(3) 函数的值就是指_____,有返回值的函数其返回值由_____带回,因此在函数体内至少有一个语句,其值由 return 语句返回。

(4) 函数依据是否有形式参数可分为_____和_____。

(5) 函数之间通过参数进行数据传递的方式是单向传递,可分为_____和_____两种。

(6) 利用实参形参结合进行数据传递时,若实际参数为常量、变量、表达式、函数调用表达式,此时的传递方式为_____。

(7) 数组元素也作为实际参数,此时的数据传递是_____。

(8) 数组名作函数的参数时,传递的是_____,此时的数据传递方式是_____。

(9) C 语言中,不允许函数进行嵌套定义,但允许函数的_____,即函数可以调用另一个函数,若函数直接或间接调用自己,那么这种函数调用称为_____。

2. 填表题

变量分类特性表

存储方式	存储类型说明符	何处定义生存期	作用域	赋值前的值
动态存储	(1)	函数或复合语句内	(2)	不定
	(＊) 寄 存 器 变 量 register	函数或复合语句内	定义它的函数或复合语句内	不定
静态存储	静态局部变量 static	(3)	定义它的函数或复合语句内	(4)
	(5)	函数之外	整个源程序	不定
	(＊)静态全局变量 staticextern	函数之外	定义它的源文件内	不定

3. 阅读程序写结果

(1) 程序 1

```
# include <stdio.h>
void main()
{
    int a,b,c;
```

```
    scanf("%d,%d",&a,&b);
    c=max(a,b);
    printf("Max is %d",c);
}
max(int x,int y)                   /* 定义有参函数 max */
{
    int z;
    z=x>y?x:y;
    return(z);
}
```

运行后输入：

7,8↙

（2）程序 2

```
#include <stdio.h>
int sub(int x,int y)
{   int z;
    if(x<y)
    { z=x;x=y;y=z;}
    z=x-y;
    return z;
}
void main()
{   int a,b,c;
    printf("Input a,b:"); scanf("%d,%d",&a,&b);
    c=sub(a,b);
    printf("\n%d-%d=%d\n",a,b,c);
    return;
}
```

运行后输入：

Input a,b:5,3↙

（3）程序 3

```
void main()
{
    int a;
    scanf("%d",&a);
    nirnava(a);
}
void nirnava(int n)
{
    int str[100];
    int i=0;
    int j=0;
    while(n!=0)
```

```
        {
            str[i]=n%2;
            n=n/2;
            i++;
        }
        for(j=i-1;j>=0;j--)
            printf("%d",str[j]);
    }
```

输入：10 ↙

4. 程序改错

下列程序,已知长方体的长宽高,求长方体的体积及三个面的面积,但不能得到正确的结果,请你分析并修改程序在何处存在错误。

```
//文件名：m3p2t1-exC.cpp
//功能：输入长方体的长宽高 l,w,h.求体积及三个面的面积
#include <stdio.h>
int vs( int a,int b,int c)
{   int v;
    v=a*b*c;      s1=a*b;
    s2=b*c;      s3=a*c;
    return v;
}
int s1,s2,s3;
void main()
{   int v,l,w,h;
    printf("\n 输入长方体的长、宽、高(用空格分隔)\n");
    scanf("%d%d%d",&l,&w,&h);
    v=vs(l,w,h);
    printf("v=%d s1=%d s2=%d s3=%d\n",v,s1,s2,s3);
}
```

```
输入长方体的长、宽、高（用空格分隔）
12 5 4
v=240 s1=60 s2=20 s3=48
Press any key to continue
```

模块

程序设计之复杂数据处理

课题 1

指针及指针的运用

学习导表

任 务 名 称	知 识 点	学 习 目 标
任务 1　交换两个变量的值	◇ 地址与指针； ◇ 指针变量的定义； ◇ 指针变量的引用； ◇ 指针变量的运算； ◇ 指针变量作形参的使用	指针是 C 语言的一个重要概念，也是 C 语言的精华，在程序设计中灵活使用指针不仅使程序简洁、紧凑、高效，还可以借用指针处理复杂的问题。本课题的学习目标是： 1. 正确理解地址、指针与指针变量； 2. 正确定义指针变量，理解指针指向的含义； 3. 能够正确使用指针变量进行简单的程序设计；
任务 2　回文诗的生成	◇ 指针指向数组； ◇ 指针指向数组元素； ◇ 通过指针变量引用数组元素； ◇ 通过指针变量处理字符串	4. 理解指向数组的指针及指针变量的定义方法； 5. 会使用指针引用数组及数组元素； 6. 会利用指针处理字符串数据

任务 1　交换两个变量的值

生活场景再现

如果某一天，足够努力的你抓住了足够多也足够好的机会，获得了足够多的资产，你会选择图 4-1 中(a)还是(b)的方式来安全地存放你的资产？当然，你可能会选择图 4-1(b)所示的方式，这样你就会在某家信用极好的银行拥有一个保险柜和一套只有你能拿得到的钥匙(如图 4-1(d)所示)。如果一个保险柜根本放不下你如此多的现金、珠宝、金币、股权证书等,那怎么办？银行的保险柜则会设计成如图 4-1(c)所示的规格,可大可小任你选,一个不够,连续给你五个,如何？之后,你随时可以依据钥匙上的号码找到属于你的银行保险柜,存取你的资产。银行只要依据客户的要求提供保险柜且保证保险柜编号与客户一一对应,具体存放什么由客户自己决定。这就像 C 语言中指针及指针的使用。

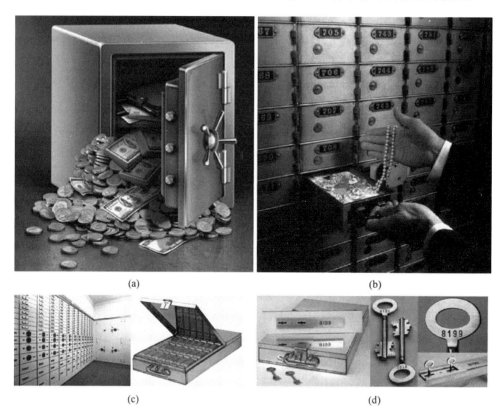

(a)　　　　　　　　　　　(b)

(c)　　　　　　　　　　　(d)

图 4-1　资产存储管理与保险柜业务

任务要求

依据对"生活场景再现"的理解,借助于 C 语言的指针,设计一个函数,用于将任意两个变量的值进行对调。

任务分析

利用函数对调两个变量的值,就像对调两个保险柜内存放的物品,由银行负责对调,你只要确保银行给你的保险柜对应的位置编号(地址)与物品对应即可。

在模块 3 中学习函数时,我们知道函数利用数组名作参数时,形参值的变化才会改变实参的值,因为数组名作参数,形参和实参传递的是地址,因此,如果能用两个变量的地址作参数,实现地址传递,那么,形参与实参共享的是同一个地址,只要将地址内的内容(数据)交换一下,也就间接实现了变量值的对调。

观察思考

int i=0;
float i=1.0;

说说这两个变量的定义有什么不同。

知识准备1 指针与指针变量

在 C 语言中,变量"先定义后使用"的特点要求我们总是先定义变量(如 int i;),因为编译系统在编译时会先为变量分配一定大小的存储空间,等程序执行到赋值语句时(如 i++;),就可以将数据存放在相应的存储单元内,由于内存中的每个存储单元都会有一个地址,就像保险柜的号码一样,因此,每个变量也都会有一个地址,该地址就对应了一个存储单元。

1. 内存与内存地址

内存是存放 CPU 正在处理的程序和数据的存储器,任何一个程序在执行时必须由外存将有关内容调入内存;外存中尽管可以保存程序和数据,但是当这些数据在没有调入内存之前,是不能由 CPU 来执行和处理的。

内存地址:内存是由内存单元(一般称为字节)构成的一片连续的存储空间,每个内存单元都有一个编号,内存单元的编号就是内存地址(如图 4-2 中的 0000H～1000H),简称地址。

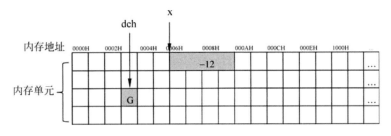

图 4-2 内存、内存地址、变量名、变量值对应示意图

2. 变量名、变量的值与变量的地址

如有:

int x=-12; char ch= 'G';

编译系统会为变量 x 和 ch 分别分配存储空间,并将其值存放在对应的存储单元内,如图 4-2 所示。

(1) x 和 ch 为变量名;

（2）－12 和'G'分别为 x 和 ch 的值；

（3）0006H、4003H 分别为变量 x、ch 的地址（x 和 ch 的地址由系统指定，此处两个地址均为假设）。

因 int 型变量占 4 个字节的存储单元，所以连续 4 个存储单元的第一个存储单元地址为变量 x 的地址。char 型变量只占 1 个字节。

3. 指针与指针变量

指针就是"内存单元的地址"，也就是某个变量的地址。反过来讲，变量的指针就是"变量的地址"。

专门用于保存内存单元地址的变量称为指针变量。也就是说，指针变量的值是一个内存单元的地址。

4. 指针变量的定义与赋值

指针变量中存放的是变量的地址，因变量是有类型区分的，因此指针变量定义时，其类型与所指变量的类型一致，如果我们将变量的类型称为基类型，那么指针变量的定义形式如下：

形式 1：

基类型 ＊ 指针变量名；（仅定义指针变量）

形式 2：

基类型 ＊ 指针变量名＝变量地址；（定义并初始化指针变量）

因此，对指针变量赋值或初始化时，就只能将某一个变量的地址赋给指针变量。指针变量的定义及含义见表 4-1。

表 4-1　指针变量的定义及含义

定义形式		形式 1：基类型 ＊ 指针变量名；（仅定义指针变量） 形式 2：基类型 ＊ 指针变量名＝变量地址；（定义并初始化指针变量）		
举例	形式 1	int ＊ p1;	float ＊ p2;	char ＊ p3;
	形式 2	int　x; int ＊ p1＝&x;	float y; float ＊ p2＝&y;	char　z; char ＊ p3＝&z;
含义		指针变量 p1 是指向 int 型变量 x 的指针，其值只能是整型变量的地址	指针变量 p2 是指向 float 型变量 y 的指针，其值只能是实型变量的地址	指针变量 p3 是指向 char 型变量 z 的指针，其值只能是字符型变量的地址
说明		（1）定义时，＊仅表示 p1 为指针变量，即变量名称是 p1； （2）基类型代表指针变量 p1 的值是该类型变量的地址； （3）指针变量 p1 只能存放地址，只能是内存单元的地址，因此，指针变量不能通过常量表达式或输入语句对它赋值； （4）& 表示取变量的地址			

"scanf("%d",&a);"中的 &a 就是整型变量 a 的地址。

指针变量赋值的一般形式如下：

指针变量＝地址；

如采用表 4-1 中的形式 1 定义指针变量 p1、p2、p3，若要对其分别赋值，则可以按以下步骤进行。

（1）定义指针变量 p1、p2、p3

```
int    *  p1;
float  *  p2;
char   *  p3;
```

（2）定义三个指针变量所指的变量

```
int a＝3;            或 int   a;
float b＝5.5;        或 int   b;
char c＝'x';         或 int   b;
```

（3）将 a、b、c 三个变量的地址赋值给三个指针变量

```
p1＝&a;
p2＝&b;
p3＝&c;
```

5．引用指针变量

通过指针变量可以取到两种数据，一种就是某个变量的内存地址，另一种就是某个变量的值。

- 引用指针变量：取指针变量所指变量的地址，如 p。
- 引用指针变量指向的变量：取指针变量所指变量的值，如＊p1。

 **程序示例**

```
//文件名：m4p1t1-ep1.cpp
//功能：指针变量的引用方式
# include <stdio.h>
void main()
{
    int a＝3;
    float b＝5.5;
    char c＝'x';
    int * p1;                          //定义指针变量 p1
    float * p2;                        //定义指针变量 p2
    char * p3;                         //定义指针变量 p3
    p1＝&a;                            //给指针变量 p1 赋值，值为变量 a 的地址
    p2＝&b;                            //给指针变量 p2 赋值，值为变量 b 的地址
    p3＝&c;                            //给指针变量 p3 赋值，值为变量 c 的地址
    printf("p1     p2      p3\n");     //输出 p1,p2,p3 的值，即变量 a,b,c 的地址
    printf("%d\t%d\t%d\n",p1,p2,p3);
    printf(" * p1      * p2      * p3\n");    //输出 p1、p2、p3 所指变量的值，即变量 a,b,c 的值
    printf("%d\t%.1f\t%c\n", * p1, * p2, * p3);
}
```

程序的运行结果为：

p1	p2	p3	
1245052	1245048	1245044	── 指针变量的值
*p1	*p2	*p3	
3	5.5	×	── 所指向变量的值

Press any key to continue

说明：

(1)"&"：地址运算符,&a 是取变量 a 的内存地址。

(2)"*"：指针运算符,又称间接访问运算符。*p1 是取指针变量 p1 所指变量的值,即 3。

注意： 指针变量定义中的 * 仅代表其后的变量名被定义为指针变量,不是指针运算符。

 **阶段检测 1**

(1)依据程序功能,补全代码。

```
//文件名: m4p1t1-test1-1.cpp
//功能:输入两个数给 x、y,先输出大的数,再输出小的数
#include <stdio.h>
void main()
{   int * p1, * p2, * p, x, y;
    scanf("%d,%d", &x, &y);
    p1=_____①_____
    p2=_____②_____
    if (x<y)
    {
        p=p1;     p1=p2;     p2=p;
    }
    printf("x=%d,y=%d\n", x, y);
    printf("max=%d,min=%d\n", _____③_____);
}
```

程序的运行结果为：

```
34,61
x=34,y=61
max=61,min=34
Press any key to continue
```

(2)找出程序中的 4 处错误。

```
//文件名: m4p1t1-test1-2.cpp
//功能:输入两个数给 x、y,分别对两个数增加 10 和 20
1.   #include <stdio.h>
2.   void main()
3.   {
4.   float * p1, * p2, x, y;
```

```
5.    scanf("%f,%f",&x,&y);
6.    p1=&x;
7.    p2=&y;
8.    printf("分别+10 和+20 前:\n");
9.    printf("x=%.1f,y=%.1f\n",x,y);
10.    printf("*p1=%.1f, *p2=%.1f\n",*p1,*p2);
11.    p1=*p1+10;
12.    p2=p2+20;
13.    printf("分别+10 和+20 后\n");
14.    printf("x=%.1f,y=%.1f\n",x,y);
15.    printf("*p1=%.1f, *p2=%.1f\n",p1,p2);
16.  }
```

程序的运行结果为:

```
45,9
分别+10和+20前:
x=45.0,y=9.0
*p1=45.0, *p2=9.0
分别+10和+20后
x=55.0,y=29.0
*p1=55.0, *p2=29.0
Press any key to continue_
```

 知识准备2　指针变量的运算

指针变量的常用运算及示例见表 4-2。

表 4-2　指针变量的常用运算及示例

若有: int　　* s,* p,x=10,y=20,num[8];
　　　char　　* c1="China",ch2,ch3[10];

类　　型	使用方法	含义(赋值的值为地址)
赋值运算	s=&x;c1=&ch2	把变量 x、ch2 的内存地址赋给指针变量 s 及 c1
	c1=ch3;	把数组变量 ch3 的首地址赋值给指针变量 c1
	s=&num[0]	把数组 num 第一个元素的地址赋值给指针变量 s
	p=s;	指针变量的值赋给另一个指针变量
	c1="Beijing"	将字符串"Beijing"的首地址赋给指针变量 c1
指针运算	++p;p++; --p; p--;	通常用于指向数组的指针,指针变量向后(前)移动一个位置,指向下(前)一个数组元素
	p=p+3;	指针变量指向其后的第三个元素的位置

 任务解决方案

步骤 1:拟定方案

(1)定义主函数 main()

① 从键盘输入两个数,整型或者实型;

② 调用函数 swap( )实现交换；

③ 输出交换前后的值。

（2）自定义函数 void swap(float * s1,float * s2)

① 用指针变量作形参；

② 函数体内交换两个指针变量所指变量的值；

③ 函数不用返回值。

步骤 2：确定方法

（1）定义数据变量

序号	变量名	类型	作　　用	初值	输入或输出格式	位置
1	s1	float *	形参,存放一个数的地址	—	—	swap()
2	s2	float *	形参,存放一个数的地址	—	—	swap()
3	p	float	局部变量,临时存放数据	—	—	swap()
4	num1	float	存放输入的第一个数	—	scanf(%f,&num1);	main()
5	num2	float	存放输入的第二个数	—	scanf(%f,&num1);	main()
6	p1	float *	实参,存放 num1 的地址	—	—	main()
7	p2	float *	实参,存放 num2 的地址	—	—	main()

（2）画出程序流程图（图 4-3）

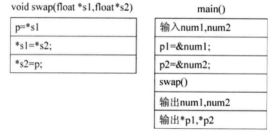

图 4-3　N-S 流程图

步骤 3：代码设计

（1）编写程序代码。

```
//文件名:m4p1t1.cpp
//功能:交换两个变量的值,用函数实现
# include <stdio.h>
void swap(float * s1,float * s2)
{
    float p;
    p= * s1;
    * s1= * s2;
    * s2=p;
}
void main()
{
```

```
        float num1,num2;
        float * p1, * p2;
        scanf("%f,%f",&num1,&num2);
        printf("交换前：num1=%.1f,num2=%.1f\n",num1,num2);
        p1=&num1;
        p2=&num2;
        swap(p1,p2);
        printf("交换后：num1=%.1f,num2=%.1f\n", * p1, * p2);
    }
```

（2）设置测试数据。

21.0,5.0✍

步骤4：调试运行程序

程序的运行结果为：

请输入两个数（用逗号分隔）：21.0,5.0
交换前：num1=21.0,num2=5.0
交换后：num1=5.0,num2=21.0
Press any key to continue

程序执行时，函数模块间的数据传递过程如下：

① float num1,num2；编译系统为 num1、num2 分配存储单元，如图 4-4(a)所示的阴影部分；

② 输入两个数 21.0 和 5.0 后，num1、num2 的值分别是 21.0 和 5.0，那么它们分别在存储单元内，如图 4-4(b)所示；

③ 执行"p1=&num1;p2=&num2;"后，p1、p2 分别指向 num1、num2，即两个存储单元，如图 4-4(c)所示。

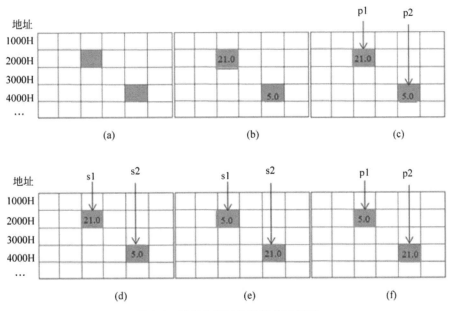

图 4-4　程序执行时的数据传递过程

④ 调用"swap(p1,p2);",s1、s2 分别接收 p1、p2 传递来的值,即 s1、s2 分别指向两个存储单元,如图 4-4(d)所示,执行"p＝＊s1;＊s1＝＊s2;＊s2＝p;"后,交换了两个存储单元的内容,如图 4-4(e)所示。

⑤ 函数 swap(p1,p2)调用结束返回 main()后,s1、s2 消失不存在,p1、p2 的值不变,仍是原存储单元的地址,如图 4-4f 所示。

 阶段检测2

写出下列程序的执行结果。

程序 A:

```
//文件名: m4p1t1-test2-A.cpp
#include <stdio.h>
void main()
{int k=12,m=14,n=16;
int *p1,*p2,*p3;
p1=&k;p2=&m;p3=&n;
*p1=*p2+10;
*p2=*p3-10;
*p3=*p3*2;
printf("%d,%d,%d\n",k,m,n);
printf("%d,%d,%d\n",*p1,*p2,*p3);
}
```

程序 B:

```
//文件名: m4p1t1-test2-B.cpp
#include <stdio.h>
void sub(int x,int y,int *z)
{    *z=y-x;
}
void main()
{
    int a;            //b,c
    sub(10,5,&a);
    printf("%d\n",a);
}
```

程序 C:

```
//文件名: m4p1t1-test2-C.cpp
#include <stdio.h>
void sub(int x,int y,int *z)
{    *z=y-x;
}
void main()
{
    int a,b;
```

```
        sub(5,15,&a);      sub(7,a,&b);
        printf("%d %d\n",a,b);
}
```

任务 2　回文诗的生成

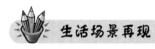

生活场景再现

李白、王维、徐志摩,你都熟悉,唐诗、宋词、现代诗,你读过不少,那么,下面几首你读过吗? 没读过,没关系,慢慢读,慢慢体会,再找找它们的有趣之处。

春日雪

唐·潘孟阳

春梅杂落雪,发树几花开。

真须尽兴饮,仁里愿同来。

来同愿里仁,饮兴尽须真。

开花几树发,雪落杂梅春。

咏雪	鸟醉花香
南朝·萧纲	李半黎
盐飞乱蝶舞,花落飘粉奁。	冬伴春来春伴冬,风随雨洒雨随风。
奁粉飘落花,舞蝶乱飞盐。	鸟醉花香花醉鸟,松恋雪洁雪恋松。

这就是回文诗,一首诗从最后一个字倒读就又成了另外一首诗。

英文也一样,看看这句:

WasitacaroracatIsaw?

也就是 WasitacaroracatIsaw?(我看到的是辆车还是只猫?)

任务要求

从键盘输入一串字符,通过函数将其逆序存放,然后输出转换后的字符串。(可以是纯英文字符,可以是纯中文汉字,也可以是中英混合字符)

任务分析

依据组成字符串的是纯英文字母、纯中文汉字还是中英文混合体,其处理方法不同,最简单的是纯英文字符组成的字符串逆序输出,因为一个中文汉字在内存中占两个字节,而一个英文符只占一个字节。

C 语言提供的字符型(char)变量只能存放一个字节的字符,所以汉字的逆序需要将连续两个字节的字符作为一个整体处理。为简单起见,我们以纯英文字母为例进行设计。

如有:"apple"逆序后变为"elppa"(即字符长度 n=5)。

方法:

将第 1 个字符'a'与最后 1 个'e'进行对调,

将第 2 个字符'p'与倒数第 2 个'l'进行对调,

第 3 个字符'p'不动;

如有:"orange"逆序后变为"egnaro"(即字符长度 n=6)。

将第 1 个字符'o'与最后 1 个'e'进行对调,

将第 2 个字符'r'与倒数第 2 个'g'进行对调,

将第 3 个字符'a'与倒数第 3 个'n'进行对调。

因此 n 个字符只要对调 n/2(取整)=3 次就可以。

 知识准备I　通过指针引用数组

1. 指向数组的指针

在 C 语言中,一个指针可以指向整型变量、实型变量、字符型变量,也可以指向一个数组变量。指向数组变量时,指针变量的值是数组的首地址。

指向数组的指针变量定义方法如下。

方法 1:定义数组与指针变量,同时对指针变量进行初始化赋值。

int a[10], * p=a;	long a[10], * p=a;	float a[10], * p=a;	char a[10], * p=a;
或			
int a[10]; int * p=a;	long a[10]; long * p=a;	float a[10]; float * p=a;	char a[10]; char * p=a;
说明:定义指针变量 p 同时对其初始化,值为数组 a 的首地址,即指针变量 p 指向一维数组 a。			

方法 2:先定义数组与指针变量,再将数组的首地址赋值给指针变量。

int a[10], * p;	long a[10], * p;	float a[10], * p;	char a[10], * p;
p=a;	p=a;	p=a;	p=a;
说明:先定义指针变量 p,然后通过赋值语句对指针变量 p 进行赋值,将一维数组 a 的首地址赋给 p,即指针变量 p 指向一维数组 a。			

2. 通过指针引用数组元素

假如有:

int a[8]={61,65,79,12,51,67,83,15};

则通过数组下标来引用数组元素(即下标法引用数组元素),如图 4-5 所示。

下标	0	1	2	3	4	5	6	7
数组元素	a[0]	a[1]	a[2]	a[3]	a[4]	a[5]	a[6]	a[7]
数组元素的值	61	65	79	12	51	67	83	15

图 4-5　下标法引用数组元素

假如有：

int a[8]={61,65,79,12,51,67,83,15}, * p＝a;

通过指针引用数组元素及数组元素值的方法称为指针法（又称地址法），如图 4-6 所示。

下标	0	1	2	3	4	5	6	7
数组元素	a[0]	a[1]	a[2]	a[3]	a[4]	a[5]	a[6]	a[7]
存储单元及存储单元中存放的数据	61	65	79	12	51	67	83	15
	↑	↑	↑	↑	↑	↑	↑	↑
通过指针引用数组元素p+i	p	p+1	p+2	p+3	p+4	p+5	p+6	p+7
通过指针引用数组元素的值*(p+i)	*p	*(p+1)		...	*(p+4)		...	*(p+7)

图 4-6　指针法引用数组元素

阶段检测 l

（1）对比以下两个程序，说说程序中的"printf("%d\n",p);"与"printf("%d\n", * p);"有什么不同，程序的运行结果将会有什么不同？

程序 A：

```
//文件名：m4p1t2-test1-1A. cpp
#include <stdio. h>
void main()
{
int a[10]={61,65,79,12,51,67,83,15,24,10};
int * p＝a;
printf("%d\n",p);
p＝p+1;
printf("%d\n",p);
}
```

程序 B：

```
//文件名：m4p1t2-test1-1B. cpp
#include <stdio. h>
void main()
{
int a[10]={61,65,79,12,51,67,83,15,24,10};
 * p＝a;
printf("%d\n", * p);
p＝p+1;
printf("%d\n", * p);
}
```

（2）若有

int a[10], * p＝a;

那么如果利用指针对当前的数组元素输入数据，下列哪一个是正确的？并说明不正确的语句错在哪里。

（1）scanf("%d",&p);

（2）scanf("%d",p);

（3）scanf("%d", * p);

 程序示例1

程序 A：

```
//文件名：m4p1t2-ep1-A.cpp
//功能：从键盘输入七个实数后并输出,用指针法引用数组
#include <stdio.h>
void main()
{
    int i;
    float x[7], * p=x;
    for (i=0;i<7;i++,p++)              //p++为下一个数组元素的单元地址
        scanf("%f",p);                 //此处的 p 为数组元素的地址
    p=x;                               //将指针变量移回到数组首地址
    for (i=0;i<7;i++,p++)
        printf("%.1f\t", * p);         //输出数组元素的值
    printf("\n");
}
```

程序的运行结果为：

```
1 2 3 6 5.4 9
1.0     2.0     3.0     6.0     5.0     4.0     9.0
Press any key to continue
```

说明：程序中第 8 行的"p=x;"是由于输入时指针变量已指向最后一个数组元素,因此,在输出前,应先将指针移回到首元素位置,以保证输出从第一个元素开始。

程序 B：

```
//文件名：m4p1t2-ep1-B.cpp
//功能：逆序输出数组中的元素
#include <stdio.h>
void main()
{
    int x[10]={1,2,3,4,5,6,7,8,9,10};
    int * p,i;
    p=&x[9];
    for (i=0;i<10;i++)
        printf("%d ", * (p-i));
printf("\n");
}
```

程序的运行结果为：

```
10 9 8 7 6 5 4 3 2 1
Press any key to continue
```

程序 C：

```cpp
//文件名：m4p1t2-ep1-C.cpp
//功能：将数组中的元素逆序存放，然后输出数组中的元素
#include <stdio.h>
void main()
{
    int x[10]={1,2,3,4,5,6,7,8,9,10},i;
    int *p=x,temp;
    for (i=0;i<5;i++)
    {                //第 i 个与第 p+9-i 个元素值对调，共对调 5 次
        temp=*(p+i);
        *(p+i)=*(p+9-i);
        *(p+9-i)=temp;
    }
    for (i=0;i<10;i++)
            printf("%d ",*(p+i));
    printf("\n");
}
```

程序的运行结果为：

```
10 9 8 7 6 5 4 3 2 1
Press any key to continue_
```

知识拓展

（1）通过地址引用数组元素还可以直接使用数组名，方法同指针变量一样，如图 4-7 所示。

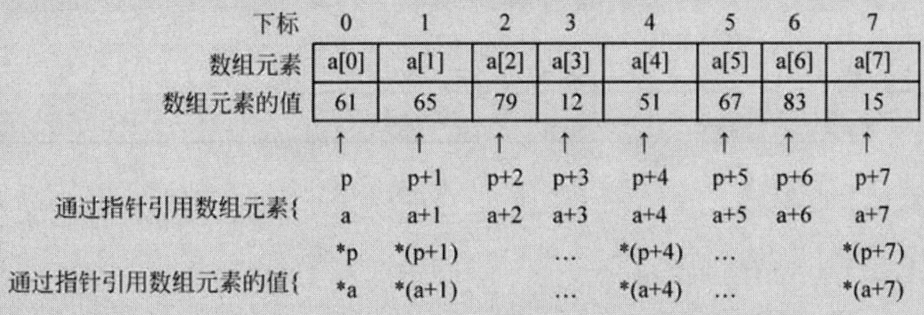

下标	0	1	2	3	4	5	6	7
数组元素	a[0]	a[1]	a[2]	a[3]	a[4]	a[5]	a[6]	a[7]
数组元素的值	61	65	79	12	51	67	83	15
	↑	↑	↑	↑	↑	↑	↑	↑
通过指针引用数组元素 {	p	p+1	p+2	p+3	p+4	p+5	p+6	p+7
	a	a+1	a+2	a+3	a+4	a+5	a+6	a+7
通过指针引用数组元素的值 {	*p	*(p+1)	…		*(p+4)	…		*(p+7)
	*a	*(a+1)	…		*(a+4)	…		*(a+7)

图 4-7　指针法引用数组元素的两种用法

（2）指向数组元素的指针。

在 C 语言中，可以通过下标法引用数组元素，如 a[0]、a[i]等，由于每个数组元素都有一个存储地址，所以，指针也可以指向数组元素，若指针指向数组元素时，在数组元素前加"&"，表示是该数组元素的地址。

如有

```
int a[10], *p=a, *q:
q=&a[0];    //指针指向数组元素，将下标为 0 的数组元素地址赋给指针变量 q
q=&a[i];    //指针指向数组元素，将下标为 i 的数组元素地址赋给指针变量 q
```

观察思考

（1）m4p1t2-ep1-C.cpp 中第 6 行"for (i=0;i<5;i++){…}"为什么是 i<5？若改成 i<10 会如何？

（2）m4p1t2-ep1-C.cpp 中的以下语句还可以有另一种使用方法吗？

```
temp= * (p+i);
* (p+i)= * (p+9-i);
* (p+9-i)=temp;
```

阶段检测2

（1）若有如下定义：

```
int x[5]={3,5,7,1,9}, * p1=& x[0];
```

判断下列语句用法正确与否，若不正确，请改正，并说明错在哪里。

序号	用　　法	×或√	正　确　用　法	错　误　原　因
①	p1=& x;			
②	p1=x;			
③	p1=12;			
④	p1++;			
⑤	p1=p1+5;			
⑥	* (p1+1)=5;			

（2）有以下程序段：

```
int a[4]={1,2,3,4}, * p,i;
p=a;
p++;
```

请问：

① * p 的值是多少？

② 若以上程序段最后添加：* (p+1)=12;可行吗？如果可行，* p 的值又是多少？

③ 若以上程序段最后添加：* (p++)=12;可行吗？如果可行，* p 的值又是多少？

知识准备2　通过指针引用字符串

字符数组可以用来存放字符串。在 C 语言中，也可以用字符指针来处理字符串。主要方法有以下两种。

方法 1：指针变量指向一个字符数组。

如：

char str[]="apple & oppo!"，* s=str;

这种方法,字符指针变量 s 指向数组,所以通过指针引用字符串时,与通过指针引用数组的方法是相同的。

方法 2：字符指针指向一个字符串。

如：

char * str="apple & oppo!"；

这种方法,指针变量 str 在定义时,也给一个初始化值"apple & oppo!",由于字符串常量是在内存的连续区域存放的,所以,编译系统把字符串的第 1 个元素的地址赋给 str。

两种方法都可通过指针变量来引用字符串。如下用法均是合法的：

```
str++；                        //指向存放下一个字符的地址
str=str+i；                    //指向存放第 str+i 个字符的地址
printf("%c", * str)；          //输出 str 指针所指向的当前字符
printf("%c", * (str+i))；      //输出第 str+i 个字符
```

但是需要注意的是,方法 2 中,字符指针变量指向的字符串常量值是不可以再被修改或赋值的。

若有：

char * str="apple & oppo!"；

那么：

* (str+2)='9';或 str[2]='9';将都是非法的；

但若改为：

char s[]="apple & oppo!", * str=s;

那么：

* (str1+2)='9';或 str1[2]='9';

将都是正确合法的。

 程序示例2

```
//文件名：m4p1t2-ep2-1.cpp
//功能：验证字符指针变量指向的字符串常量及数组变量
#include <stdio.h>
void main()
{
    char * str="apple & oppo !"；
```

```
    char s[]="apple & oppo !" , * str1=s;
    //*(str+2)= '9';                    //若取消注释行虽程序无编译错误但会出现内存读写错误
    //str[2]= '9';                       //若取消注释行虽程序无编译错误但会出现内存读写错误
    *(str1+2)= '9';                     //不会出错,使用合法
    str1[6]= '1';                        //不会出错,使用合法
    printf("%s\n%s\n", str, str1);
}
//文件名: m4p1t2-ep2-2.cpp
//功能:将字符串 c1 与字符串 c2 的内容连接后放入字符串 c 中
#include <stdio.h>
void main()
{
    char *c1="春梅杂落雪,发树几花开。";
    char *c2="真须尽兴饮,仁里愿同来。";
    char c[50], * pc=c;
    while ( * c1!='\0')                  //判断是否为字符串结束标志
    {
        * pc= * c1;
        c1++;      pc++;               //源串 c1 与目标串 pc 指针同时向后移动一个位置
    }
    while ( * c2!='\0')                  //判断是否为字符串结束标志
    {
        * pc= * c2;
        c2++;      pc++;               //源串 c2 与目标串 pc 指针同时向后移动一个位置
    }
    * pc='\0';                           //在最后添加字符串结束标志
    pc=c;                                //将指针移到首地址
    puts(pc);
}
```

程序的运行结果为:

春梅杂落雪, 发树几花开。真须尽兴饮, 仁里愿同来。
Press any key to continue

 **阶段检测3**

(1) 依据以下程序的功能,将程序补充完整。

```
//文件名: m4p1t2-test2-1.cpp
//功能:将一个字符串 s 从 & 处拆分为两个字符串 s1,s2
#include <stdio.h>
void main()
{   char s[]="look&like", * p=s;
    char s1[10],s2[10],_____①_____;
    while (_____②_____)
    {
        if ( * p!='&')
```

```
        {
            * p1= * p;           //从 s 串中逐个将字符复制到 s1 中
            p++;
                 ③
        }
        else
        {
            * p1='\0';           //结束第 1 个串 s1 的复制,加串尾符
            p++;                 //跳过 & 字符,不复制
            break;
        }
    }
    while( * p!='\0')            //开始第 2 个串 s2 的复制
    {   * p2= * p;               //从 s 串中逐个将字符复制到 s 串中
        p++;
        p2++;
    }
         ④
    puts(s1);
    puts(s2);
}
```

程序的运行结果为：

(2) 若将上面程序的最后两条语句：puts(s1);puts(s2);

改为：puts(p1);puts(p2);

请问：程序还需要修改吗? 如果需要,如何修改?

任务解决方案

步骤 1：拟定方案

(1) 定义函数 rev_hw()实现将字符串逆序,字符串放于数组中。

实现方法如下。

① 将第 i 个元素与第 n−i−1 个元素对换(i=0,1,2,…,(n−1)/2,n 为字符个数),

如图 4-8 所示。

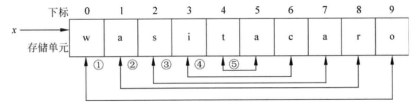

图 4-8 元素交换

② 用指针实现交换。

分别用指针变量指向第 i 个元素、第 n-i-1 个元素、第(n-1)/2 个元素,然后从两头向中间前进,依次交换两元素的值。此程序需增加如下指针变量:

- h 头指针指向数组头元素,即 h=x;
- r 尾指针指向数组尾元素,即 r=x+n-1;
- p 指针指向数组正中间元素,即 p=x+m。

(2) 定义主函数 main()。

① 输入源字符串;

② 输出逆序后的字符串。

步骤 2:确定方法

(1) 定义数据变量。

序号	变量名	类型	作　用	初值	输入或输出格式	位置
1	x	char *	形参,存放要逆序的字符串	—	—	rev_hw()
2	n	int	字符串的长度	strlen(x)	—	rev_hw()
3	m	int	字符串正中间字符对应的下标	(n-1)/2	—	rev_hw()
4	h	int *	指向第一个字符的指针	x	—	rev_hw()
5	r	int *	指向第 n-1 个字符的指针	x+n-1	—	rev_hw()
6	p	int *	指向正中间字符的指针	x+m	—	rev_hw()
7	temp	char	局部变量,交换时临时存放字符	—	—	rev_hw()
8	hw	char[]	实参,存放要逆序的字符串	—	gets(hw);	main()

(2) 画出程序流程图(见图 4-9)。

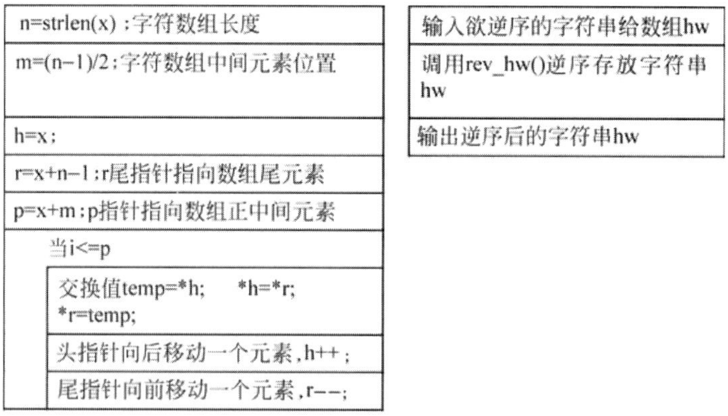

(a) rev_hw()函数N-S流程图　　　　(b) main()函数N-S流程图

图 4-9　流程图

步骤 3:代码设计

(1) 编写程序代码。

```
//文件名：m4p1t2.cpp
//功能：回文诗输出，即将一串字符串逆序输出，利用指针和函数实现(纯英文)
# include <stdio.h>
# include <string.h>
# include <ctype.h>
void rev_hw(char * x)
{
    char * h, * r, * p;
    int n=strlen(x),m=(n-1)/2;
    char temp;
    h=x;                    //指向头元素
    r=x+n-1;                //指向尾元素
    p=x+m;                  //指向正中间元素
    for (;i<=p;h++,r--)
    {
        temp= * h;
        * h= * r;
        * r=temp;
    }
}
void main()
{
    char hw[50];
    gets(hw);
    printf("%s\n",hw);
    rev_hw(hw);
    printf("%s\n",hw);
}
```

（2）设置测试数据。

分别输入以下字符：

apple ↙
orange ↙

步骤 4：调试运行程序

程序的运行结果为：

```
apple
elppa
Press any key to continue
```

能力拓展

```
//文件名：m4p1t2-hz.cpp
//功能：从键盘输入一串字符，按照回文的格式，输出逆序后的字符串(纯中文方式)
# include <stdio.h>
# include <string.h>
```

```
#include <ctype.h>
void dhw(char * x)
{    char * h, * r, * p;
     int n=strlen(x),m=(n/4-1)*2;
     char temp ;
     h=x;               //指向头元素
     r=x+n-2;           //指向尾元素
     p=x+m;             //指向正中间元素
     for (;i<=p;h+=2,r-=2)
     {
         temp= * h;
         * h= * r;
         * r=temp;
         temp= * (h+1);
         * (h+1)= * (r+1);
         * (r+1)=temp;
     }
}
void main()
{
     //char hw[]="0a1b2c3d4e5f6g7h8i9j";
     char hw[]="盐飞乱蝶舞花落飘粉衾";
     printf("%s\n",hw);
     dhw(hw);
     printf("%s\n",hw);
}
//文件名: m4p1t2-zy.cpp
//功能: 将一串由中英文字符组成的字符串逆序,用指针与函数结合实现
#include <stdio.h>
#include <string.h>
void InverseStr(unsigned char t[],unsigned char s[])
{
int i,j,len = strlen((char * )s);
for(i = len - 1,j = 0; i >= 0; --i,++j)
{
if(s[i] > 0X7F) // 是汉字
{
t[j++] = s[i - 1];
t[j] = s[i];
--i;
}
else t[j] = s[i];
}
t[j] = '\0';
//return t;
}
void main()
{
```

```
unsigned char s[] = "春梅杂落雪,发树几花开!";
unsigned char t[50];
printf("s = \"%s\"\n", s);
InverseStr(t, s);
printf("t = \"%s\"\n", t);
}
```

课题2

建立电话簿

学习导表

任务名称	知识点	学习目标
任务1 为电话簿数据建立结构体类型	◇ 结构体类型的定义； ◇ 结构体变量的定义； ◇ 结构体变量的引用； ◇ 结构体数组的使用	结构体类型是C语言中比较灵活的一种数据类型,借助结构体类型,C程序可以处理一些比较复杂的数据结构。本课题的学习目标是: 1. 理解用户自定义结构体类型的作用; 2. 会正确定义结构体类型与结构体变量;
任务2 使用结构体与指针建立电话簿	◇ 变量与存储空间； ◇ 动态数据结构与静态数据结构； ◇ malloc()、calloc()、free()函数； ◇ 动态链表的建立	3. 能够正确使用结构体变量与结构体数组; 4. 明白指向结构体变量的指针变量的引用方法; 5. 了解指针与结构体类型结合建立单链表的方法

任务 1 为电话簿数据建立结构体类型

生活场景再现

生活中离不开家人、朋友，工作中离不开上司、同事、客户，彼此沟通、联系少不了要通过某种联系方式，你曾经见过图 4-10(a)所示的电话通信录吗？网络时代的你早已不会使用了！你的手机、平板电脑等使用的可能是如图 4-10(b)、(c)所示的电话本，使用方便、信息容量大等优点自不用说，最关键的是查找智能、快捷。那么计算机（包括智能设备）是如何将手机号、E-Mail 地址、QQ 号等信息与联系人关联在一起，进行快速存取呢？

图 4-10 通信录

以手机通信录、微信电话本等为样本，请用 C 语言设计一个能准确存放如下类型联系人信息的 C 程序。

姓 名	手 机	QQ
Jack	13771200432	5688156
Black	13913610102	849901527
张军	13516868680	584466228
Robert	13712056569	792070209
武华威	13912201019	784512281

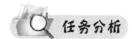
任务分析

由于 C 语言提供的数组只能存放一组相同数据类型的数据,现在要存储的信息数据可能类型不同、大小或长度不同,任务要求中姓名的字符长度可能在 4 个以上字节,QQ 号在 6 位数以上,手机号码的长度在国内则是固定的。为此,需要有一种类型来存放多种不同数据类型且相互之间有关联的数据。

观察思考

```
//文件名：m4p2t1-ex.cpp
#include <stdio.h>
void main()
{
    float s=0;
    float grade[10]={12,21,14,41,15,52,13,23,34,5};
    int i;
    for(i=0;i<10;i++)
        s=s+grade(i);
}
```

上面是一个统计学生总分的程序,数组中存放了每一个学生的成绩,但是不能将成绩对应某个学生姓名,如果想将学生姓名与成绩关联在一起,C 语言如何同时存储一个学生的姓名及成绩?

知识准备1　结构体类型与结构体变量

数组将若干个具有共同类型特征的数据组合在了一起。然而,在实际处理中,待处理的信息往往是由多种类型组成的,如有关学生的数据,不仅有学习成绩,还应包括诸如学号(长整型)、姓名(字符串类型)、性别(字符型)、出生日期(字符串型)等;再如联系人信息包括姓名、手机号码等,这些数据之间存在着一定的联系。就目前所学知识,我们能存储这些数据,但不能体现数据与数据之间的关联关系,也就是说,我们只能将各个数据项定义成互相独立的简单变量或数组,但无法反映出它们之间的内在联系。如果有一种新的数据类型,就像数组将多个同类型数据组合在一起一样,能将这些具有内在联系的不同类型的数据组合在一起,我们就能完成这个任务,而 C 语言提供的"结构体"类型则可以由用户自由组合不同的数据类型,以满足不同的需求。

1. 结构体类型的定义

C 语言允许用户自己定义类型,若要定义一个结构体类型,其形式如下:

struct 结构体类型名
{

数据类型成员 1;
数据类型成员 2;
…
数据类型成员 n;
};   /* 此行分号不能少！*/

注意：

① { }括起来的是成员列表,是该结构体类型所包含的若干个成员,且都需要像定义变量一样为每个成员指明类型；

② 右括号 }后的分号不能省略,以表明这也是一个语句。

如：

```
struct stu              //用户自定义结构体类型,类型名为 struct stu
{
char name[20];          //成员 name
int grade;              //成员 grade
};
```

2. 结构体变量的定义

用户自己定义的结构体类型,与系统定义的标准类型(int、char 等)一样,可用结构体类型来定义结构体变量。

定义结构体变量的方法有两种：间接定义法、直接定义法,见表 4-3。

表 4-3　结构体变量的定义方法

项目	间接定义法	直接定义法	
定义	先定义结构体类型、再定义结构体变量	定义结构体类型的同时定义结构体变量	定义结构体类型的同时定义结构体变量,但不指定结构体类型名

示例	struct worker
	{
	int num;
	char name[8];
	float wage;
	};
	struct worker w1,w2;
		struct worker
		{
		int num;
		char name[8];
		float wage;
		}w1,w2;
			struct
			{
			int num;
			char name[8];
			float wage;
			}w1,w2;

初始化	struct worker
	{
	int num;
	char name[8];
	float wage;
	};
	struct worker w1={1, "Jack", 60.0},
	w2={2, "张军",62.0};
		struct worker
		{
		int num;
		char name[8];
		floatWage;
		}w1={1, "Jack",60.0},
		w2={2, "张军",62.0};
			struct
			{
			int num;
			char name[8];
			floatWage;
			}w1={1, "Jack",60.0},
			w2={2, "张军",62.0};

说明	结构体类型名：struct worker 结构体变量名：w1,w2		结构体类型名：无 结构体变量名：w1,w2

知识拓展

（1）结构体类型与结构体变量是两个不同的概念,其区别如同 int 类型与 int 型变量的区别一样。结构体类型中的成员名,可以与程序中的变量同名,它们代表不同的对象,互不干扰。

（2）定义了结构体变量之后,该变量就可以像其他变量一样使用了,结构体类型名将不能在程序中出现(求长度运算 sizeof()除外)。结构体类型名的命名规则遵从标识符的命名规则。

（3）成员(如 num)又可称为成员变量,也是一种标识符,成员的类型可以是除该结构体类型自身外、C 语言允许的任何数据类型,成员之一还可以是其他结构体类型,此时称为结构体类型嵌套。

阶段检测1

（1）观察以下语句,说说成员个数、成员名、成员类型及结构体类型名称。

```
struct worker
{
    int num;
    char name[8];
    float wage;
};
```

（2）定义一个 struct worker 结构体类型的变量 p1。

知识准备2　结构体变量使用

结构体变量同整型、实型、数组等变量引用相似,但对结构体变量的引用是通过引用其成员变量来实现数据存取的。

1. 结构体变量的引用

对结构体变量的引用主要有以下几种形式。

（1）引用结构体变量或成员的地址

既可引用结构体变量成员的地址,也可引用结构体变量的地址。

如:

```
scanf("%d",&w1.num,&w1.wage);        //引用结构体变量成员的地址
struct worker * st_p=&w1;            //引用结构体变量的地址
```

（2）引用结构体变量的成员值

引用成员值的一般方式:

结构体变量.成员变量

其中的"."为成员运算符,其优先级高于单目运算符。

对成员的引用可像同类型的普通变量一样,进行各种运算。

如:

w1.num++; 等价于 w1.num+=1;等价于 w1.num=w1.num +1;

w1.name="Jack";

w1.wage=70.0 * 0.9;

printf("%d",w1.num);

(3) 结构体变量之间相互赋值

如:

w2=w1;

阶段检测2

(1) 有如下语句:

```
struct date
{
short year;
short month;
short day;
};
struct std_info
{
long int num;
char name[20];
char sex[3];
};
```

请说明以上语句定义的数据类型名是什么? 如果要分别为这两个类型定义两个变量 birthday、st1,语句该如何写?

(2) 阅读程序,说说程序功能,并依据程序功能写出程序的运行结果。

```
//文件名: m4p2t1-test2-2.cpp
#include <stdio.h>
void main( )
  {
    struct rq
    {
    int year;
    int month;
    int day;};
    struct std_info
    {
```

```
        long no;
        char name[20];
        char sex[3];
        struct rq birthday;
        };
        struct std_info student={102,"张力","男",{1980,9,20}};
        printf("No: %ld\n",student.no);
        printf("Name: %s\n",student.name);
        printf("Sex: %s\n",student.sex);
    printf("Birthday: %d-%d-%d\n",student.birthday.year, student.birthday.month, student.birthday.day);
    }
```

能力拓展

如果某成员本身又是一个结构体类型,则只能通过多级的分量运算,对最低一级的成员进行引用。此时的引用格式扩展为:

结构体变量.成员.子成员.….最低一级子成员

如:

```
struct   date
{short   year;
short   month;
short   day;
};
struct   std_info
{long   int   num;
char    name[20];
char    sex[3];
struct date birthday;
}student;
```

那么,引用结构体变量 student 中的 birthday 成员的格式分别为:

```
student.birthday.year
student.birthday.month
student.birthday.day
```

---

2. 结构体数组的使用

如果一个结构体变量是一个数组,那么该数组就称为结构体数组。结构体数组的使用与普通数组的使用相似,唯一不同的是,结构体数组的每一个元素都是结构体类型。

如:

```
struct   worker   w[10];
```

那么,数组 w 就是一个可以存放 10 个结构体类型数据的结构体数组,每个数组元素的引用方法为:

数组名[下标].成员名

如：w[i].num、w[i].name、w[i].wage。

 程序示例

```
//文件名：m4p2t1-ep1.cpp
//功能：利用结构体类型 struct std_info 定义一个结构数组 student,用于存储和显示三个学生的
基本情况
#include <stdio.h>
void main( )
{
struct date
{    int year;
     int month;
     int day;
};
struct std_info
{ char no[7];
char name[20];
char sex[3];
struct date birthday;
};
struct std_info student[3]
={
  {"000102","顾军","男",{1980,9,20}},
  {"000105","李科海","男",{1980,8,15}},
  {"000112","王思语","女",{1980,3,10}}
};
int i;
  printf("No. Name Sex Birthday\n");
  for(i=0; i<3; i++)            /*输出三个学生的基本情况*/
  { printf("%-7s",student[i].no);
    printf("%-9s",student[i].name);
    printf("%-4s",student[i].sex);
    printf("%d-%d-%d\n",student[i].birthday.year,
    student[i].birthday.month,student[i].birthday.day);
   }
}
```

程序的运行结果为：

```
No.     Name    Sex    Birthday
000102  顾军     男     1980-9-20
000105  李科海    男     1980-8-15
000112  王思语    女     1980-3-10
Press any key to continue_
```

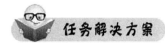

步骤1：拟定方案

（1）定义一个结构体类型，包括姓名、手机号和 QQ 号；

（2）定义一个结构体类型的数组变量，存放多个联系人的信息；

（3）从键盘输入每一个联系人的信息；

（4）输出显示结构体数组 p[]中的每一个联系人的信息。

步骤2：确定方法

（1）确定需要存储数据所用的结构体类型。

```
struct person
{
shar name[20];
long int mobile;
long int qq;
};
```

（2）定义数据变量。

序号	变量名	类型	作用	初值	输入或输出格式
1	p	struct person []	存放 3 个联系人的信息	—	scanf("％s,％ld,％ld", p[i]. name,&p[i]. mobile,&p[i].qq);
2	i	int	循环控制变量，控制输入或输出次数	0	—

（3）画出程序流程图（见图 4-11）。

```
for (i=0;i<3;i++)
  输入每一个联系人的信息
for (i=0;i<3;i++)
  输出每一个联系人的信息
```

图 4-11　N-S 程序流程图

步骤3：代码设计

（1）编写程序代码。

```
//文件名：p4m2t1.cpp
#include <stdio.h>
void main()
{
struct person                  //定义一个新的结构体类型
{
char name[20];                 //结构体成员,存放联系人姓名
```

```
    long int mobile;                    //结构体成员,存放联系人手机号
    long int qq;                        //结构体成员,存放联系人 QQ 号
};
    int i;
    struct person p[3];                 //结构体数组 p[],存放所有联系人信息
    printf("请输入每一个联系人的信息:\n");
    for (i=0;i<5;i++)
    {
        printf("姓名:");                //输入提示信息
        scanf("%s",p[i].name);
        printf("手机号码:");            //输入提示信息
        scanf("%ld",&p[i].mobile);
        printf("qq");                   //输入提示信息
        scanf("%ld",&p[i].qq);
    }
    printf("姓名手机号 qq\n");          //输出数据标题信息
    for (i=0;i<3;i++)
    printf("%10s%12ld%10ld\n ", p[i].name,p[i].mobile,p[i].qq);
}
```

(2) 设置测试数据。

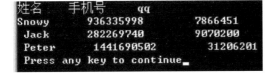

步骤 4：调试运行程序

程序的运行结果为：

阶段检测3

(1) 定义一个结构体数据类型,用以存放员工的信息,员工信息主要包括员工姓名、员工性别、员工年龄、员工工资。

(2) 利用以上定义的结构体数据类型,定义一个结构体数组,用以存放 3 个员工的信息。

(3) 写一段程序,统计 3 个员工的平均工资,并将高于平均工资的员工姓名及员工工资输出来。(提示：数据可以采用初始化方式或输入方式给变量赋值)。

任务2　使用结构体与指针建立电话簿

生活中我们总会将联系人依据某种方法进行归类划分,就像图 4-12 所示的对 QQ 联系人分类一样,但怎样分类才能让电话簿既不占用太多空间,又可随时添加新联系人,也能快速按某种信息查找联系人呢?如果让你用 C 程序完成,你可以用什么样的方法来实现呢?

设计一个 C 程序,在不用数组的情况下,将你的联系人常用联系方式建立一个灵活、方便的电话簿,从而实现依据需要动态建立电话簿。

图 4-12　联系人分类

(1) 电话簿至少要包含每个人的姓名、电话号码、QQ 号等,而这些数据的类型可能不一致,可能是整型或是字符型,若是字符串还需要字符数组,即需要建立一个结构体类型。

(2) 要形成电话簿,则所有人的联系信息应该能关联在一起,能够进行前后浏览,且每个人的信息是一个整体,并且能随意存取任一个数据项,或电话或 QQ 号,即需要使用指针。

(3) 随时根据用户需要添加或删除一个联系人的信息并能保证有效使用存储空间,以保证用户有足够多的空余空间可用,故需动态分配存储空间,系统函数 malloc( )、calloc( ) 和 free( ) 函数可以实现动态分配及回收空间。

(1) 有如下程序,请思考后回答。

```
//文件名: m4p2t2-ex1-1.cpp
# include <stdio.h>
void main( )
{    int i=3;
     float f=3.5;
     int * p_i;           //定义指针变量 p_i
     float * p_f;         //定义指针变量 p_f
```

```
    p_i=&i;
    p_f=&f;
}
```

试问其中的"p_i=&i;"与"p_f=&f;"可否换成"p_i=&f;"与"p_f=&i;"? 如果不行,请说明为什么。

(2) 有如下程序,请思考后回答。

```
//文件名: m4p2t2-ex1-2.cpp
#include <stdio.h>
void main( )
{   int i, j, * p, * q;
    p=&i;
    q=&j;
    printf("输入一整型数据给 i 变量: ");
    scanf("%d", p);
    * q= * p;
    printf("j=%d\n", * q);
}
```

该程序运行后,若输入一个整数 120,那么程序的运行结果是什么? 变量 i,j 和 p,q 的区别与联系是什么? 变量内存储的数据有什么不同?

(3) 若有以下程序,输入 12,50 ↙后,程序的运行结果是什么?

```
//文件名: m4p2t2-ex1-3.cpp
#include <stdio.h>
void main( )
{
    int i, * p_i;
    float f, sum1, sum2, * p_f;
    p_i=&i;
    p_f=&f;
    scanf("%d, %f", p_i, p_f);
    sum1= * p_i+ * p_f;
    sum2=i+f;
    printf(" * p_i+ × p_f=%.1f\n",sum1);
    printf("i + f= %.1f\n",sum2);
}
```

 知识准备1　结构体指针变量及引用

1. 结构体指针变量

结构体指针变量就是指向结构体变量的指针变量,一个结构体指针变量存放的是该结构体变量的地址。结构体指针变量的类型一定与其所指向的结构体变量类型一致。

如:

```
struct worker                          //定义结构体类型 struct worker
{
```

```
    int num;
    char name[8];
    float wage;
    };
    struct worker w1,w2;                    //定义结构体变量 w1,w2
    struct worker * p1,* p2,* new;          //定义结构体指针变量 p1,p2
    p1=&w1;                                 //结构体指针变量 p1 指向结构体变量 w1
    p2=&w2;                                 //结构体指针变量 p2 指向结构体变量 w2
```

2. 结构体指针变量访问结构成员值的方法

方法 1：

* 指针变量. 成员名

如：* p1. name、* p2. mobile、* p1. next 等。

方法 2：

指针变量->成员名

如：new ->name、new ->qq、new ->next 等。

因为方法 1 既有 * 指针运算符又有 · 成员运算符,使用时容易混淆,所以,通常我们使用方法 2,这种表示比较简单、易记。

 阶段检测1

有如下定义：

```
struct data
{
    int i;
    char ch;
    double f;
};
struct data b, * p=&b;
```

判断以下引用方式的正确与否。

(1) b->i=100;

(2) b. i=100;

(3) p->ch= '1';

(4) printf("%d",p->i);

(5) printf("%d",p. i);

知识准备2   动态链表的建立

1. 动态存储结构与静态存储结构

我们来回顾一下有关变量类型与变量存储空间的关系,先看一个程序示例。

其中 sizeof(类型名)或 sizeof(变量名)可以测定某个类型或变量所占空间的大小(以字节为单位),如：sizeof(short)可以计算出短整型变量占多大的存储空间。

程序示例

```
//文件名：m4p2t2-ep1.cpp
//功能：查看各类型所占存储单元数(字节数)
#include <stdio.h>
void main()
{
printf("(int)\t(short)\t(long)\t(float)\t(double)(char)\n");
printf("%d\t%d\t%d\t%d\t%d\t%d\t\t\n",sizeof(int),sizeof(short),sizeof(long),sizeof(float),sizeof(double),sizeof(char));
}
```

程序的运行结果为：

```
(short) (int)   (long) (float) (double)(char)
2       4       4       4       8       1
Press any key to continue_
```

由此我们可以看出,C 语言不同数据类型所占存储空间的字节数不同,见表 4-4。

表 4-4　C 语言常用基本数据类型所占字节数

short	int	long	float	double	char
2	4	4	4	8	1

当我们定义一个"int x;float y;char name[20];"后,系统会在编译时先为其分配 4+4+20=28 个字节的存储空间给三个变量,无论存放在其中的数有多大,字符有多少,必须占用其 28 个字节的存储单元,这种分配方式就称静态分配方式,这种数据结构即称静态存储结构。

相对于静态数据结构,动态数据结构没有固定的大小,系统根据程序需要随时开辟存储单元来存储数据,程序用完可以随时释放,这种分配存储单元的方式即称为动态分配方式。

2. 动态分配内存的方法

C 语言中,stdlib.h 文件提供的两个函数 malloc()与 calloc()均可动态分配内存空间。其函数调用见表 4-5。

表 4-5　calloc()与 malloc()的调用方法

项目	calloc()	malloc()
调用形式	(类型说明符 *)calloc(n,size)	(类型说明符 *)malloc(size)
功能	在内存的动态存储区中分配 n 块长度为 size 字节的连续区域,函数的返回值为该区域的首地址	在内存的动态存储区中分配 1 块长度为 size 字节的连续区域,函数的返回值为该区域的首地址

续表

项目	calloc()	malloc()
说明	(类型说明符 *)将其强制转换为 struct stu 类型的指针	
举例	ps＝（struct stu * ）calloc（4，sizeof（struct stu））；	ps＝（struct stu * ）malloc（sizeof（struct stu））；
作用	按 stu 的长度分配 4 块连续的存储区域，强制转换为 struct stu 类型，并把其首地址赋给指针变量 ps	按 struct stu 的长度分配 1 块连续区域，然后将其强制转换为 struct stu 类型的指针，把该区域的首地址赋给指针变量 ps

提示：使用此函数时需要用＃include ＜stdlib.h＞语句将头文件包含到当前源文件中。

 知识拓展

（1）malloc()与 calloc()均用于向系统申请 size 个字节的内存空间。但区别如下：

① malloc()一次只分配 1 块连续区域，calloc()一次可以分配 n 块连续区域。

② malloc()只管分配内存，并不能对所得的内存进行初始化，所以得到的一片新内存中，其值将是随机的，而 calloc()不仅负责分配内存，还可以自动对其进行初始化，即每次分配完空间后，系统会自动将其初始化为 0。如果由 malloc()函数分配的内存空间原来没有被使用过，则其中的每一位可能都是 0；反之，如果这部分内存曾经被分配过，则其中可能遗留有各种各样的数据。也就是说，使用 malloc()函数的程序开始时（内存空间还没有被重新分配）能正常进行，但经过一段时间（内存空间已经被重新分配）可能会出现问题。

（2）C、C++规定，void * 类型可以强制转换为任何其他类型的指针。

（3）malloc()或 calloc()申请的存储空间在不需要时可以通过调用 free()函数将其释放。

3．空指针（NULL）

在 C 语言中，指针在使用时指向某一个存储单元的地址，不用时可以在指针变量中存放一个空指针（NULL）以表示空地址，即不指向某个存储单元。

如：

p＝NULL;（其中 p 为指针变量）

 阶段检测2

有如下结构体类型：

```
struct node
{
int num;
float score;
struct node * next;
};
```

要求：

（1）定义两个 struct node 类型的指针变量 p，head；

（2）将 head 指针指向一个空地址（NULL）；

（3）为 struct node 结构体类型数据申请一块连续的内存空间，并将首地址赋给 p；

（4）让 head 指针也指向 p 所指的地址。

4. 线性链表

图 4-13 是一只风筝，计算机中有一种存储结构即线性表与之很相似。图 4-14 所示的是一个有三个结点的单链表。在线性表中，每个结点都由两部分组成，即数据信息和地址部分，其中地址部分就是下一个结点的地址，即指针（图 4-15）。每个链表都用一个头指针指向链表的头结点即第一个元素，就像风筝的龙头一样。每个结点不仅存有当前的数据信息，同时还存有下一个结点的地址信息，所有结点通过指针前后相连就形成一个单向链表。

图 4-13　风筝

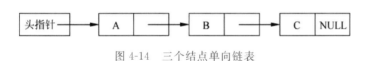

图 4-14　三个结点单向链表　　　　图 4-15　单向链表结点表示

5. 动态链表的建立

链表是借用指针变量与结构体类型来实现的。用结构体类型来表示每个结点所要存储的信息。为了形成链表则添加一个结构体指针变量作其成员，以存储下一个结点信息的存储地址。

任务解决方案

步骤 1：拟定方案

根据任务分析，我们知道链表是一种常用的、能够实现动态存储分配的数据结构。因此我们借用链表来动态建立电话簿，那么链表中的每个结点信息如图 4-16 所示。由用户根据需要自己建立一个结构体类型，该结构体类型既要保存当前结点（即某一个联系人）的信息，还要指示下一个结点的存储地址（结点信息说明见表 4-6），以便能将所有结点串联在一起，从而满足建立一个电话簿的需要，即链表建成则电话簿也就建成了，而且可以随时再增加新的联系人（即结点），图 4-17 所示的就是一个电话簿单向链表。

数据信息			指针
姓名	手机	qq	指向下一个结点

图 4-16　结点信息

表 4-6　结点信息说明

结构体类型	struct person			
成员名	name	mobile	qq	next
成员数据类型	char[20]	long	long	struct person
数据信息表示的含义	姓名	手机	qq	指向下一个结点

图 4-17　表示电话簿的单向链表

创建一个链表的基本思路(新结点放在链尾):

(1) 向系统申请一个结点的空间;

(2) 输入结点数据域的(3 个)数据项,并将指针域置为空(链尾标志);

(3) 如果是链表的第一个结点,将头指针变量指向该新结点,如果不是第一个结点,则将新结点插入链表尾;

(4) 重复(1)~(3)操作。

说明:

- 头指针变量 head——指向链表的首结点;
- 指针变量 new_node——指向新结点;
- 尾指针变量 tail——指向链表中的最后一个结点。

本任务中,我们需要建立一个链表来存储用户的联系信息。创建链表是指从无到有地建立起一个链表,即往空链表中依次插入若干结点,并保持结点之间的前后顺序关系。链表有多种表示,链表的建立方法也有多种(《数据结构》课程中有详细讲解),在此我们仅用不带头结点的单向链表来表示。

步骤 2:确定方法

(1) 确定存储联系人信息的结构体类型。

```
struct person
{
char name[20];
long mobile;
long qq;
struct person * next;
};
```

(2) 定义数据变量。

序号	变量名	数据类型	作用	初值	输入或输出格式
1	new_node	struct person *	指向需加入链表的结点	—	scanf("%s,%ld,%ld", new_node->name, &new_node->mobile, &new_node->qq);

续表

序号	变量名	数据类型	作用	初值	输入或输出格式
2	head	struct person *	始终指向头结点	NULL	—
3	tail	struct person *	始终指向尾结点	NULL	—
4	count	int	统计结点个数	0	—
5	ch	char	用于判断是否继续添加结点	'y'	scanf("%c",&ch);
6	p	struct person *	输出时指向当前结点	head	printf("%s,%ld,%ld\n",p->name, p—>mobile, p—>qq);

（3）画出程序流程图（图 4-18）。

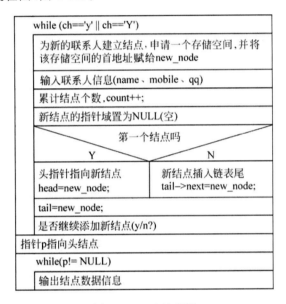

图 4-18　N-S 流程图

步骤 3：代码设计

（1）编写程序代码。

```
//文件名: m4p2t2.cpp
#include <stdio.h>
#include <stdlib.h>
void main()
{
    struct person
    {
    char name[20];
    long int mobile;
    long int qq;
```

```
        struct person  * next;
        };
        struct person  * head=NULL, * new_node, * tail;
        int count=0;                    /* 链表中的结点个数(初值为 0) */
        char ch='y';
        while (ch=='y' || ch=='Y')      //当 ch='y'时,继续添加新结点
        {                                /* 申请一个新结点的空间 */
            new_node=(struct person  * )malloc(sizeof(struct person));
            /* 输入结点数据域的各数据项 */
            printf("输入第");
            printf("%d",count+1);
            printf("个人的信息\n");
            printf("名字: ");
            scanf("%6s", new_node->name);
            printf("手机号码: ");
            scanf("%ld", &new_node->mobile);
            printf("qq 号码: ");
            scanf("%ld", &new_node->qq);
            count++;                     //* 结点个数加 1
            new_node->next=NULL;         //将新结点的指针域置为 NULL(空)
            /* 将新结点插入链表尾 */
            if (count==1)
                head=new_node;           //是第一个结点,将头指针指向当前结点 */
            else
                tail->next=new_node;     //非首结点, 将新结点插入链表尾
            tail=new_node;               //移动尾指针到新插入的结点
            printf("继续添加新联系人吗?(y/n):");
            fflush(stdin);               //清空键盘缓冲区
            scanf("%c", &ch);
        }
    struct person  * p;                 /* 从 P 所指的结点开始,输出每个结点的信息 */
        p=head;
        printf("姓名, 手机 , qq\n");
        while (p!= NULL)
        {
        printf("%s,%ld,%ld\n",p->name, p->mobile, p->qq);
        p = p ->next;
        }
}
```

(2) 设置测试数据。

姓　　名	手　　机	宅　　电
Jack	13771200432	86751630
Black	13913610102	85839510
Jhon	13516868680	80236036

步骤 4：调试运行程序

程序的运行结果为：

```
输入第1个人的信息
名    字: Jack
手机号码: 13771200432
qq号码: 86751630
继续添加新联系人吗? (y/n):y
输入第2个人的信息
名    字: Black
手机号码: 13913610102
qq号码: 85839510
继续添加新联系人吗? (y/n):y
输入第3个人的信息
名    字: Jhon
手机号码: 13516868680
qq号码: 80236036
继续添加新联系人吗? (y/n):n
姓名,   手机   , qq
Jack,886298544,86751630
Black,1028708214,85839510
Jhon,631966792,80236036
Press any key to continue
```

学习检测

1. 判断正误,若错误请修改

(1) 若有:int a,x=2,* p=a;判断下列使用方式是否正确。

① p=& x;   ② * p=x;

③ * p=& x;   ④ scanf("%d", * p);

⑤ scanf("%d",p);   ⑥ scanf("%d",&p);

(2) 若有:

int max(int x, int y);int a,b,z; int * p=a;判断下列函数调用方式是否正确。

① z=max(a,b);   ① z=max(* p,b);

③ z=max(& p,b);   ④ z=max(p,b);

2. 阅读程序写结果

程序 1:

```
# include <stdio.h>
void main()
{char a[ ]="language", * p;
  p=a;
  while ( * p!='u')
  {     printf("%c", * p-32);
    p++;
  }
}
```

程序 2:

```
# include<stdio.h>
void main()
{char * s="a\t18\0bc";
puts(s);
  for (; * s!='\0';s++)
    printf(" * ");
}
```

程序 3:

```
# include<stdio.h>
void main()
{short a[5]={1,2,3,4,5 };
 short * p=&a[0];
 int i;
```

```
for(i=0; i<5; i++)
{printf("%d %d ",a[i],p[i]);
printf("%d ", *(a+i));
}
}
```

附录 A C 语言中的关键字

ANSI C 标准 C 语言共有 32 个关键字。

auto	break	case	char	const	continue	default	do
double	else	enum	extern	float	for	goto	if
int	long	register	return	short	signed	sizeof	static
struct	switch	typedef	union	unsigned	void	volatile	while

1999 年 12 月 16 日,ISO 推出了 C99 标准,该标准新增了 5 个 C 语言关键字。

inline	restrict	_Bool	_Complex	_Imaginary

2011 年 12 月 8 日,ISO 发布 C 语言的新标准 C11,该标准新增了 7 个 C 语言关键字。

_Alignas	_Alignof	_Atomic	_Static_assert	_Noreturn	_Thread_local	_Generic

附录 B C 语言的运算符、优先级、结合方向

运算符 类型	优先级	单目 运算符	双目 运算符	三目 运算符	结合 方向
其他	1	()、[]、->、·			自左至右
	2	* & sizeof （类型）			自右至左
算术运算符	2	-、+			自左至右
	2	--、++			自左至右
	3		*、/、%		自左至右
	4		-、+		自左至右
关系运算符	6		<、>、<=、>=		自左至右
	7		==、!=		自左至右
位运算符	2	~			自左至右
	5		<<、>>		自左至右
	8	&			自左至右
	9	^			自左至右
	10	|			自左至右
逻辑运算符	2	!			自左至右
	11		&&		自左至右
	12		||		自左至右
条件运算符	13			？ ＝	自右至左
赋值运算符	14		=、+=、-=、 *=、/=、%=		自右至左
	14		>>=、<<=、 &=、^=、|=		自右至左
逗号运算符	15		， （运算对象个数任意）		自左至右

说明:

1. 当两个运算符相遇时,若优先级不同,先算优先级高的表达式,再算优先级低的表达式;若优先级相同时,则按结合方向进行计算;

2. 单目运算符的优先级高于双目和三目运算符;

3. 逗号运算符也称按顺序求值运算,对参与运算的对象并不固定数量,只是从左向右逐个求表达式的值。

参 考 文 献

[1] 谭浩强. C 语言程序设计[M]. 3 版. 北京：清华大学出版社,2014.
[2] 谭浩强. C 语言程序设计学习辅导[M]. 3 版. 北京：清华大学出版社,2014.
[3] 谭浩强. C 语言程序设计[M]. 2 版. 北京：清华大学出版社,2008.
[4] 谭浩强. C 语言程序设计学习辅导[M]. 2 版. 北京：清华大学出版社,2008.
[5] 李泽中,孙红艳. C 语言程序设计[M]. 2 版. 北京：清华大学出版社,2013.
[6] 陈琳. 编程语言基础——C 语言[M]. 3 版. 北京：高等教育出版社,2014.